半小时
漫画科学史

陈磊·半小时漫画团队 著

文匯出版社

图书在版编目（CIP）数据

半小时漫画科学史 / 陈磊·半小时漫画团队著. -- 上海：文汇出版社，2020.6
ISBN 978-7-5496-3169-8

Ⅰ. ①半… Ⅱ. ①陈… Ⅲ. ①自然科学史－世界－普及读物 Ⅳ. ①N091-49

中国版本图书馆CIP数据核字（2020）第061925号

半小时漫画科学史

作　　者	/	陈磊·半小时漫画团队
责任编辑	/	若　晨
特邀编辑	/	肖　飒　　李晓兴
封面设计	/	汪芝灵
出版发行	/	文汇出版社
		上海市威海路755号
		（邮政编码200041）
经　　销	/	全国新华书店
印刷装订	/	天津盛辉印刷有限公司
版　　次	/	2020年6月第1版
印　　次	/	2022年12月第15次印刷
开　　本	/	880mm×1230mm　1/32
字　　数	/	40千字
印　　张	/	8.5

ISBN 978-7-5496-3169-8
定　　价　/　42.00元

侵权必究
装订质量问题，请致电010-87681002（免费更换，邮寄到付）

陈磊·半小时漫画团队介绍

总策划：陈磊

李翔

蒙古王

吴钟铭

理性乐观派

颜紫霞

荆楚理科女

张华

绍兴爱因斯坦

左康泽

文案绘画两栖人才

赵瑞丽

手冲速溶大师

王天宠

死宅文科生

唐宇翔

爱好历史的游戏迷

于岩

能写能画能打全能选手

宋昊达

混子曰武力值巅峰

潘阔

铁岭潘安

闫宏凯

碳酸战士

季志明

向往自然科学的画师

肖潇

熊是胖达的熊

宋淑宁

直击灵魂的画手

一、科学就是希腊的一款
　　互联网产品
　　　　　001

二、古希腊奇葩说（上）
　　　　　025

三、古希腊奇葩说（下）
　　　　　045

四、古希腊另类杠头集锦
　　　　　075

五、希腊真题的奇幻漂流
　　　　　095

六、科学的曙光——
大学的出现与文艺复兴
113

七、宇宙天团的中心位之争——
哥白尼革命
141

八、现代科学的建立——伽利略
161

九、现代天文学的建立——
第谷与开普勒
187

十、上帝下班了——牛顿
213

参考书目
261

一、科学就是希腊的一款互联网产品

人类文明是多元的，各大洲都曾各领一时风骚。所以一提到文学艺术，大伙儿脑海中浮现的，通常都是花里胡哨的各路大咖。

可一提到早期科学，画风说变就变。随便一拍脑门，满眼都是胡子拉碴、半裸的古希腊大叔。

那么问题来了,辉煌的文明这么多,为啥科学偏偏就诞生在古希腊呢?

用一句古话来解释就是:

一方水土养一方人精!

好了,我们先来看看,其他文明是怎样诞生的。

Part 1: 大河文明

话说早期的人类,日子过得很单调,每天就是采采果子、打打猎。

运气好，饕餮盛宴；

运气不好，食不果腹。

就这样没着没落好多年后,部落里冒出个没素质的聪明人。

他把吃剩的果子,随手往地上一扔——你猜怎么着,没多久,那儿居然长出了一棵苹果树。

原来只要把种子种在地里,就可能长出吃的来,于是古人慢慢发展出了最早的**农业**。当然,这只是打个比方,反正人类终于会种地了。

可种子身娇体弱，很难伺候。尤其对于住的地方，那是格外挑剔。

如果地球是个村子，有那么几个楼盘，就脱颖而出了！

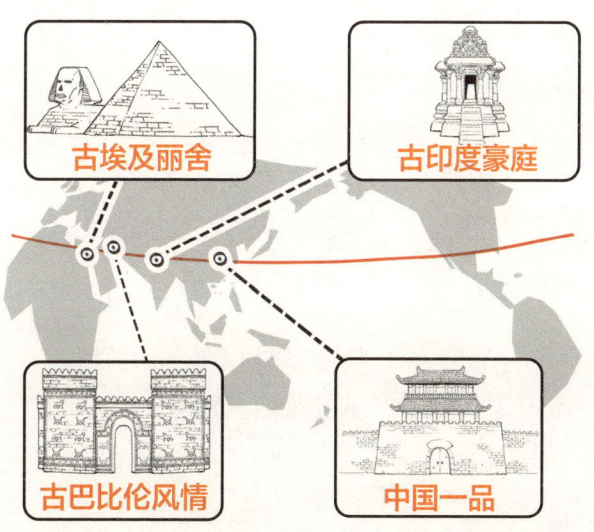

论地段，这几个地儿都在北纬30°附近；论气候，都适合产粮；论房型，都有超大平原，适合规模化生产；论配套，都是天然水景房，附近都有超大河流。

解决了温饱问题,大伙儿才能腾出手来干些其他的事儿,于是渐渐地,在这几条大河流域,先后形成了不同的文明:

古埃及　古巴比伦　古印度　　中国

正是凭着天时地利，四大文明才有了辉煌的资本，为人类社会创造出了无数财富。

可凡事都有例外，如果说这四个都是天选之子，那在地中海的某个角落，就流落着一个上帝的私生子：

希腊

当时的希腊，可比它周围的文明要穷得多。

Part 2: 希腊文明

作为一个私生子，不管是物质上还是精神上，希腊都透露出一种野生的气质。

比如，别的文明都在大平原上，方便大伙儿串门，人多力量大，一不留神就富了起来。

可希腊呢？山多地碎，人拢不齐，于是只能形成一个一个的小城邦。

古希腊步行街还原图

再比如，别的文明都是依河而建，所以**农业**比较发达。

可希腊，出门就是大海，大片的盐碱地，只能种点橄榄、葡萄之类的小零食，靠**手工业**养活，平时做点小玩意儿，换别人的粮食。

也因此，别的文明都能自给自足，老百姓普遍比较peace & love。

而希腊人，因为填不饱肚子，只能出海看看，所以思想通常比较开放、凶残。

用四个字概括一下古希腊的特点就是:

穷凶及饿!

想象一下,这么一个占尽了天不时、地不利、人不和的小鬼,要想出人头地,该怎么做呢?

这就好比开发一个产品,如果沿着别人的老路走,底子还贼差,顶多只能炒炒冷饭,没啥出息。

所以,希腊人痛定思痛:传统模式不靠谱!

得颠覆！得创新！

没错，**科学**就好比古希腊开发的一种全新产品，不过，早期的科学不叫科学，现在人们普遍认为自然哲学是科学的前身。如果你细想一下早期科学的诞生过程，会有惊人的发现：

哎呀呀！
古希腊人几千年前就有互联网思维了！

接下来咱们就来看看，希腊是凭着哪些手段，搞出科学这个玩意儿的。

一、要了解市场，分析竞品

俗话说，知己知彼，百战不殆，得先研究研究别人都是咋做的，取长补短，才能成大事。

而古希腊的附近，就有两个完美的调研对象：

古埃及 & 古巴比伦

所以说，凡事不能只看表面。

看到邻居们都混得不错,刚刚学会航海的希腊,总想着出海捞一把,慢慢地也学会了一些致富之道,同时也学了点吹牛的本事。

 希腊人继承了古埃及和古巴比伦的科学遗产,比如天文、历法和数学。

半小时漫画科学史 015

二、要大胆创新，不要限制

出海买卖做多了，看尽花花世界，人的思想就像野马脱了缰，一发而不可收。

而且做买卖讲究公平公正，于是在希腊人的心里，就形成了**平等**的种子。

加上希腊本来就是由一群松散的小国家组成，国家一小，就不需要特别强硬的管理手段，所以大伙儿就相对比较**自由**。

| 其他文明 | 希腊文明 |

正是在这样一些因素的影响下，希腊发展出了极具特色的制度：

民主制度

简单介绍一下古希腊的民主制度。别的文明通常这么管理老百姓：

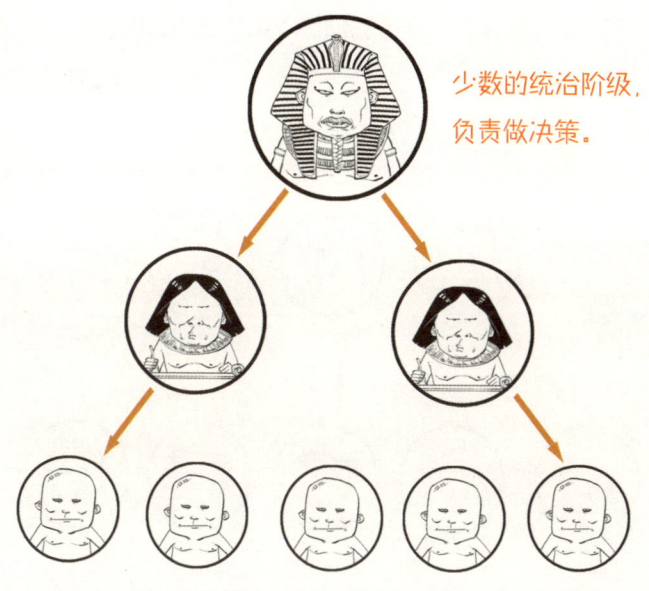

少数的统治阶级，负责做决策。

所以老百姓的思想比较封闭;

而希腊人是这样管理的:

公民才是统治者,他们通过公民大会来讨论并解决国家大事。

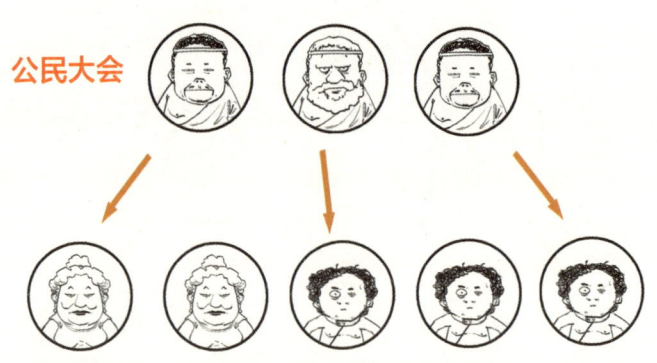

在这种环境下,希腊人的胆儿就肥了,啥都敢想,啥都敢说,脑瓜子也变得特机灵,主意一个接一个。

当然,希腊的民主其实也不能算真正意义上的民主,它和现代意义上的民主有很大的区别。

还要注意,我们这里说的古希腊民主制度,专指雅典的制度,古希腊还有一个著名的城邦叫斯巴达,它实行的就是寡头政治,与雅典不同。

三、想法得落地，快速裂变

脑筋动多了，大伙儿就经常聚在一起，看雪看星星看月亮，从诗词歌赋谈到人生哲学。

不过，人生哲学这事儿得品，得细品，难度系数8.3，要想琢磨透，通常都得抱膝三周半，闭关八个月。

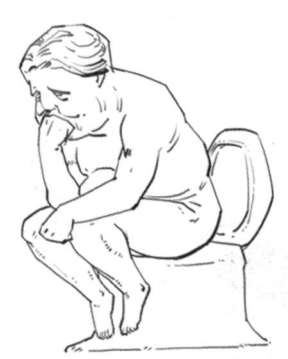

**生存，还是毁灭，
这是个问题……**

可大伙儿又得忙活生计，抽不出时间思考，于是好好的想法，就被柴米油盐给掐灭了，根本落不了地。

就在这时，随着战争、拐卖、掠夺等事的频发，希腊人中出现了一个新的群体：

奴隶

现在，有了奴隶主和奴隶，情况就变成了下面这样：

发现没？原本每天还得打卡上班的那群人，突然就腾出手来了！

于是，一群吃饱了没事儿干的人，就全职投入思考人生的队伍中。

随着闲人越来越多，这些思想开始落地生根，并渐渐形成追求真理的氛围，终于为人类打开了一扇崭新的大门！

自然哲学

自然哲学就是科学的前身，它的大幕一拉开，各种杠头就开始上线互相开杠了。

也掀起了两千多年来对于两个辩题的终极思考:

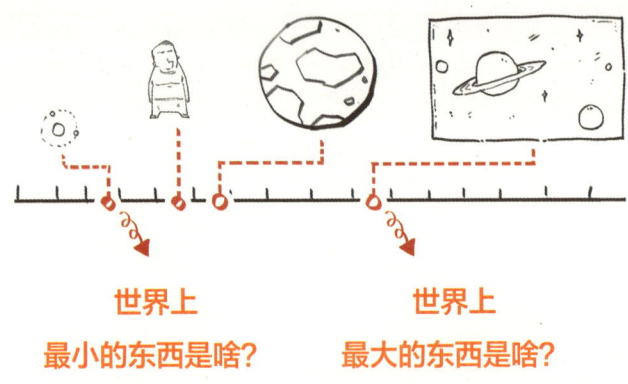

世界上
最小的东西是啥?

世界上
最大的东西是啥?

这场大戏是如何开场的呢?

请看下篇:

古希腊奇葩说(上)

二、古希腊奇葩说（上）

如果你要问，在古希腊做个文化人，必须具备什么样的素质？

那一定就是——

会耍嘴皮子！

可吵架也得有水平，如果你只会讲段子玩煽情，即使穿越到古希腊，也只能两眼一抹黑。

因为，那些杠头的辩题，通常都是直击灵魂的终极考问！

呃，不好意思，放错图了，其实是这两个问题：

Q1：世界上最小的东西是什么？

世界上最大的东西是什么？：Q2

这一篇，咱们就来看看第一个问题：**什么是世界上最小的东西？**

但凡有人的地方，就有江湖，有江湖的地方，就有大佬，针对这个问题，各种杠头也上线了。

杠头1号：泰勒斯

首先向我们走来的这位大佬，人称杠头鼻祖，哲学与科学之父：

泰勒斯 ~~威夫特~~

他在这个问题上开了个头，提出万物源于**水**。

作为一个希腊贵族，小泰从小家境优越，长大之后还经常出国留学。

他在埃及的时候，就迷上了壮观的尼罗河，他发现尼罗河洪水退去后，淤泥里会有嫩芽和幼虫。于是，小泰就发挥想象力，提出是水孕育了生命。

哟嚯！

他的原话是：**万物的本原是水**。翻译成大白话，就是所有东西都是由水产生的。

随后，小泰把这句话发到朋友圈，立马就刷了屏，大伙儿纷纷转载。

震惊！海归留学生有惊人发现！

啥？莫非我们都是水货？！

也正是这句 ~~鬼话~~ 名言开启了**西方哲学**之路,

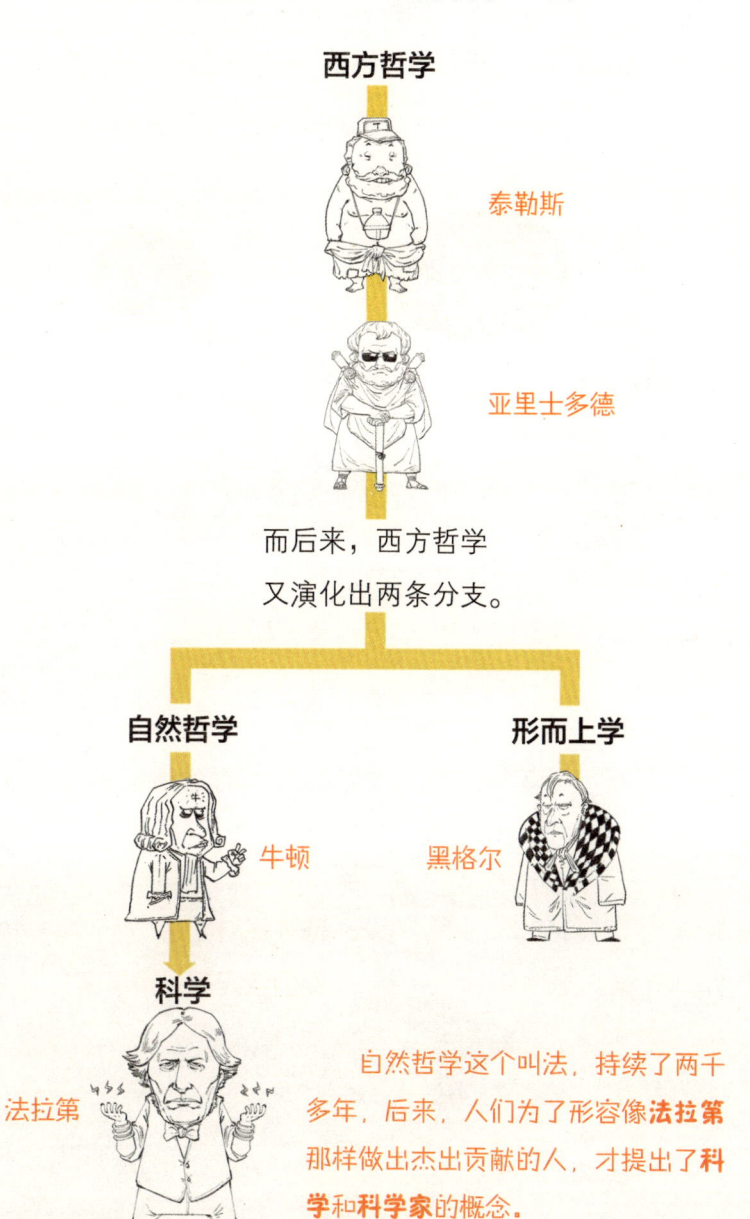

西方哲学

泰勒斯

亚里士多德

而后来,西方哲学又演化出两条分支。

自然哲学   **形而上学**

牛顿   黑格尔

科学

法拉第

自然哲学这个叫法,持续了两千多年,后来,人们为了形容像**法拉第**那样做出杰出贡献的人,才提出了**科学**和**科学家**的概念。

插一嘴，牛顿的著作《自然哲学的数学原理》，之所以不叫《科学的数学原理》，就是因为牛顿时代还没出现科学的概念。

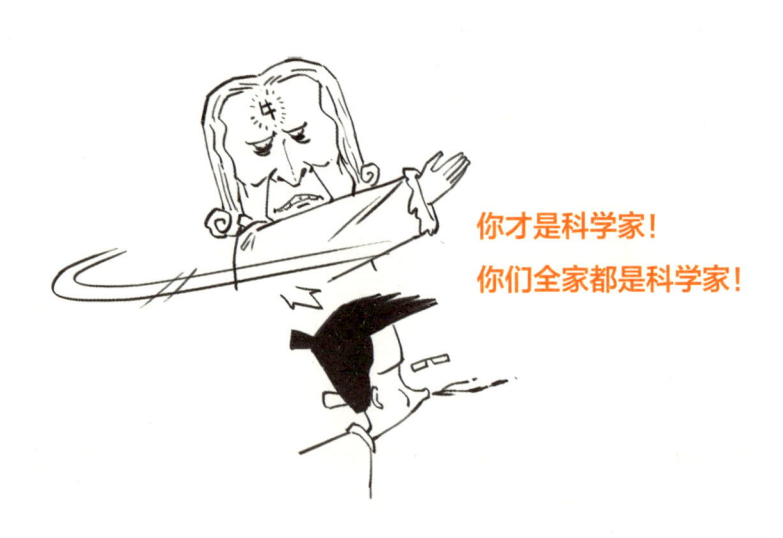

哇！牛爵爷！伟大的科学家！

……

你才是科学家！
你们全家都是科学家！

你们发现没？

只因为泰勒斯在尼罗河旁多看了那一眼，才引发了人类史上这么多惨绝人寰的挂科案！

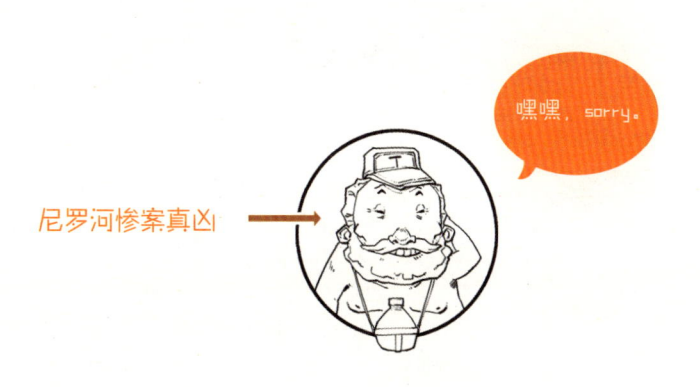

尼罗河惨案真凶 →

嘿嘿，sorry。

不过也正是因为他的这句话，开启了关于"世界上最小的东西是啥"的讨论。

于是，一大拨杠头出现了。其中不乏武林高手，个个功力一流。他们意见不一，其中的佼佼者，当数古希腊哲学的四大门派。

以泰勒斯为首，认为万物的本原
是**水**的学派叫**米利都学派**。

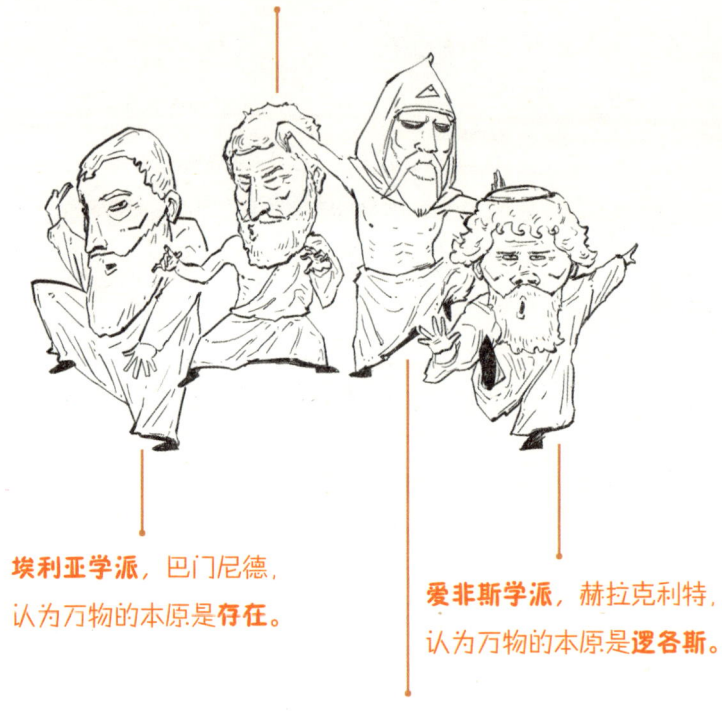

埃利亚学派，巴门尼德，
认为万物的本原是**存在**。

爱非斯学派，赫拉克利特，
认为万物的本原是**逻各斯**。

毕达哥拉斯学派，毕达哥拉斯，
认为万物的本原是**数**。

甭管看不看得懂，这段学术吵架交流史，也被认为是西方哲学史的开端。

034　古希腊奇葩说（上）

不过，把辩题拔高到3万英尺的人并不是他们，而是这尊大神——

杠头2号：德谟克里特

事情的起因：古希腊出了个文化人，名叫**留基伯**。

> 我觉得楼上都在扯淡！

他认为万物的本原，是一种小到人看不见的东西：**原子**。这就是著名的**原子论**的1.0版本。

而他的一个学生看到这个解释之后，兴奋不已，并把原子论升了个级。

德谟克里特

> 顶楼上！

在他看来，万物的本原是：

原子+虚空

啥意思呢？

在谟谟看来，随便一个什么东西都是可以切分的，切分到最后切不了了，就是**原子**。

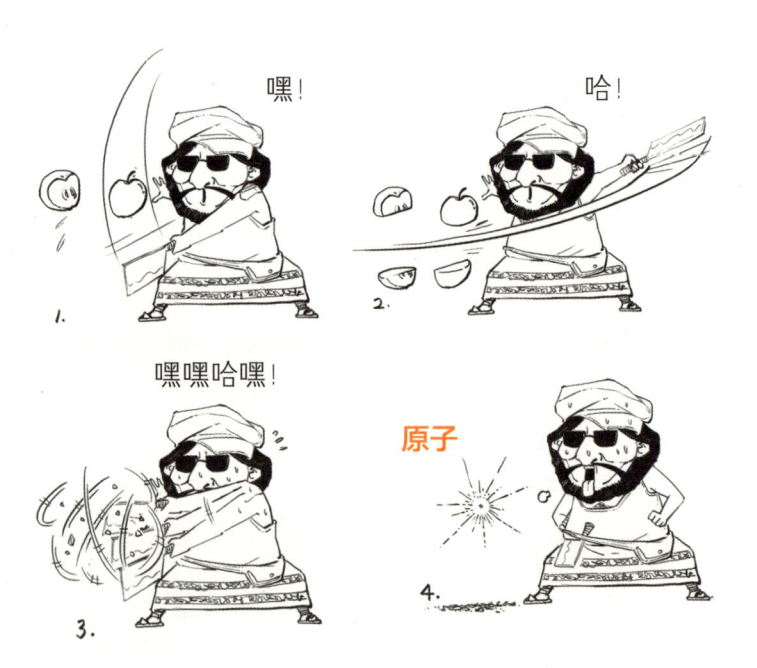

所以，原子是不可再分的，它们在虚空中运动着，构成了万物。

当然，德谟克里特的原子论和现代科学中的原子概念还是不太一样。

最大的不同就是，现代科学中的原子还可以再分成电子和原子核，而原子核还可以再分。

此外，谟谟还是他们村的吵架王，他曾因作为富二代太能挥霍而被起诉。

他在法庭上跟人辩论，结果不仅没被判刑，居然还得到了奖励！

好一条舌头！

你们懂啥！这招叫拉动内需，刺激经济！

不过，要论整个古希腊的吵架王，德谟克里特还略逊一筹。纵观整个古希腊，真正配得上这个称号的，只有这个男人——

脱口秀之王：亚里士多德

> 我不是针对谁，我是说在座的都是垃圾。

作为站在鄙视链顶端的男人，他到底有多牛呢？

首先人家背景就很硬！

他的祖师是**苏格拉底**，古希腊大哲学家。

> 楼上的是孙子。

师徒

他的师父是**柏拉图**，古希腊大哲学家，创立柏拉图学园。

师徒

亚里士多德，古希腊全能王，创立逍遥学派。

师徒

他的徒弟是**亚历山大**，横扫欧亚非大陆，建立起亚历山大帝国。

> 我太难了。

有这种背景，难怪人家压力山大，创业不成功，这都属于师门不幸啊！

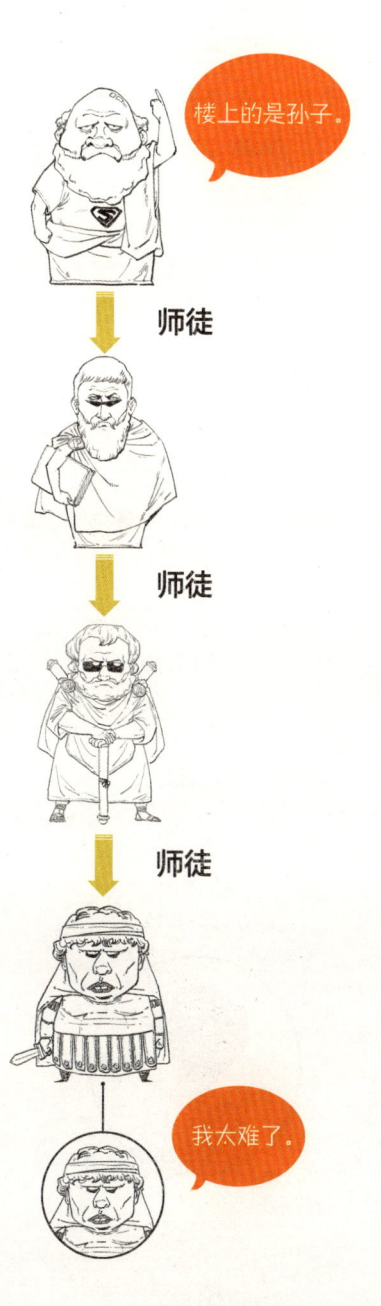

人家是四世同堂,他们师徒四人把古希腊搅得天翻地覆,尤其是亚里士多德,嘚瑟起来,连师父都呛!

他曾说过一句超级有名的话:

吾爱吾师,吾更爱真理。

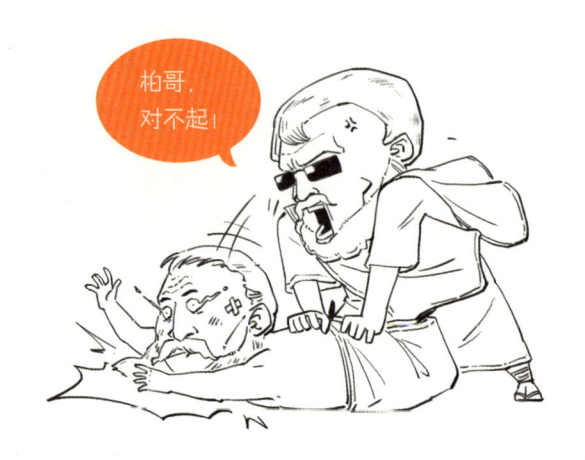

这可能是历史上第一个把"老师,你懂个啥!"说得这么清新脱俗的人。

后来,他翅膀硬了,自立门派,江湖人称**逍遥学派**。

正是因为他喜欢边溜达边讲课,也有人称这个门派为:**漫步派**。

> 老师,为啥要边溜达边讲课?

> 减肥!

放眼整个古希腊学术圈,他也没怕过谁,堪称那个时代的武林盟主。

那亚里士多德对万物本原的看法是咋样的呢?

在这之前,大家的说法有很多:

土　　　水　　火　　气

亚里士多德就把这些看法都拿了过来。

都到碗里来!

然后,自己加了点料。

于是就形成了他自己的理论。

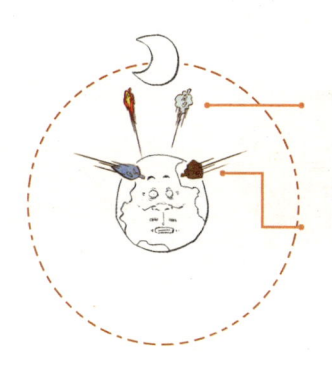

他认为**气**和**火**轻，飘在大地上方、月球下方。

土和**水**重，有朝地心下落的趋势，构成了大地。

气和火的外面是其他天体，它们由第五种元素组成：**以太**。

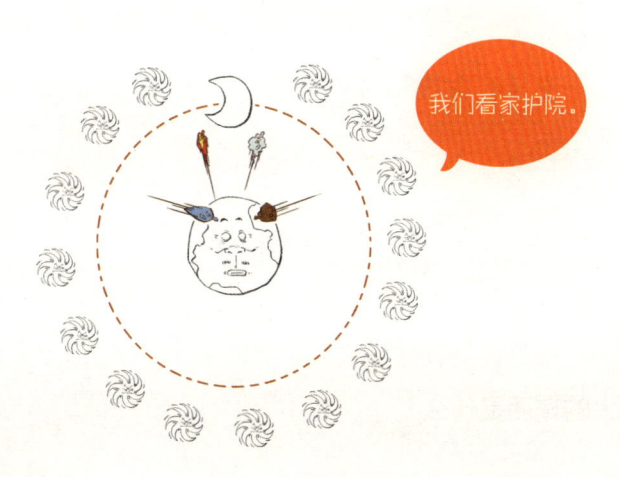

我们看家护院。

总结一下：亚里士多德认为月亮上面的世界是由以太构成的，而月球以下，包括地球在内，都是由水、火、土、气构成的。

虽然这套理论如今看起来挺荒唐，但在当时是绝对的主流理论。

而且，它还和另一个理论结合了起来。这就是大名鼎鼎的——

地心说

于是，这就牵扯出了终极考问里的第二个问题：**世界上最大的东西是什么？**

请看下篇：

古希腊奇葩说（下）

三、古希腊奇葩说（下）

上篇咱们聊到，古希腊脱口秀之王亚里士多德，提出了个奇葩的理论，他认为万物的本原是——

水、火、土、气

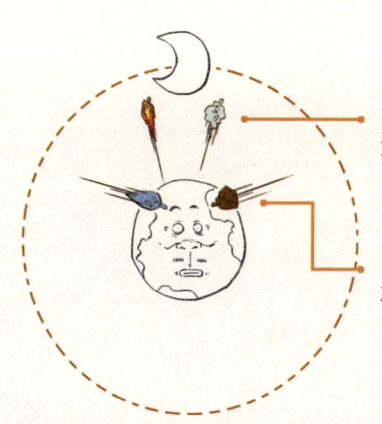

他认为**气**和**火**轻，飘在大地上方、月球下方。

土和**水**重，有朝地心下落的趋势，二者构成了大地。

原本在讨论世界上最小的东西是啥，可一不留神，就扯出了另一个终极命题：

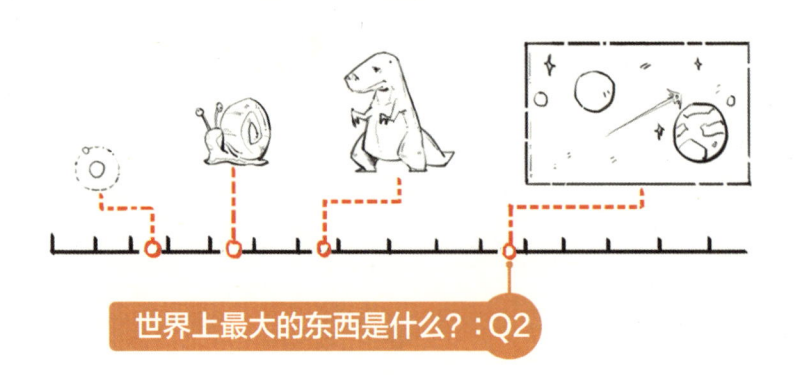

世界上最大的东西是什么？:Q2

发现没？咱们思考问题通常都是天马行空，古希腊人却很有章法，要抓，就抓两头。

而从这个**大**问题延伸出去，就引出了在科学史上掀起腥风血雨的——

地心说

> 地心说不是伪科学吗？

> 别急着扣帽子。

虽然现在看来，地心说完全不靠谱。

但如果你足够了解它，你会发现，地心说不仅是一个科学理论，还是人类最早成体系的科学理论之一。

要了解地心说，我们只讲三个人就够了。

我们可以亲切地把这三位大佬称为：**古希腊"完美"三剑客。**

托勒密　　毕达哥拉斯　　亚里士多德

一、古希腊的"毕姥爷"

首先，有请我们的第一位主角，古希腊的"毕姥爷"——

毕达哥拉斯

老毕，辈分高，水平也高，是个有头有脸的人物，所以他创立的毕达哥拉斯学派，门徒众多，是古希腊四大门派之一。

两块钱！
你买不了吃亏！

做杠头，找老毕！
点击咨询

作为学界的意见领袖，他也曾被问过关于世界本原的问题，而他的回答，在清奇中透露出一种俏皮：

万物的本原是数。

没有什么是数不出来的。

如果有，那你一定不懂爱情。

一片，他爱我；
两片，他不爱我……

老毕这个回答其实很有想法，因为他已经摆脱了事物的外在，直接抓住了本质，这被称为**抽象思维**。

老毕作为数学的宗师，搞出过许多高冷的数学理论。比如他证明了：

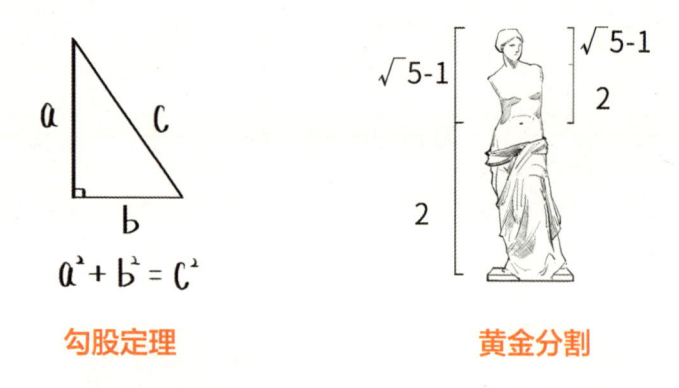

勾股定理

$$a^2 + b^2 = c^2$$

黄金分割

因此，勾股定理也叫作：

毕达哥拉斯定理

这个定理还引发了第一次数学危机。具体是咋回事呢？**据说**，有天老毕正在给学员们讲课……

今天我们来看看这个伟大的定理，知道为啥伟大不？因为是我证明的！

其中有个熊孩子,提出了一个问题,角度十分刁钻,直接把老毕整蒙了!

> 姥爷,这道题我不会做!太难了!

当时的古希腊,还没有无理数的概念。

这一下就触及到了老毕的知识盲区,眼看苦心经营的完美形象濒临瓦解,不行!消灭!必须消灭!

接着,他就把提问的同学给消灭了……

> 就你话多!

由勾股定理引发的这次危机,就被称为**第一次数学危机**,也称为**有理数危机**。现在我们知道这答案是$\sqrt{2}$。

虽然这事儿只是个传说,但也反映出毕姥爷很可能是个处女座,有完美主义倾向。

也正是这种完美主义,让他提出了另一个更大胆的猜想——

大地是圆的!

你咋知道?

通过严密的逻辑推理。

据说他的逻辑是这样的：

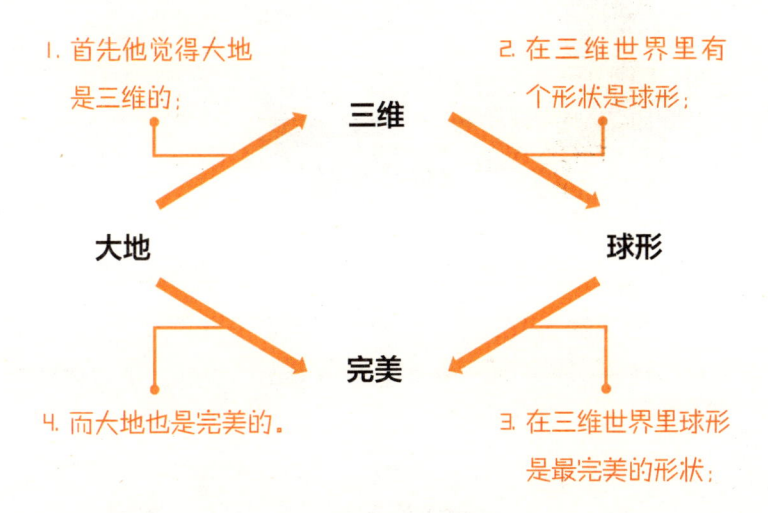

1. 首先他觉得大地是三维的；

2. 在三维世界里有个形状是球形；

3. 在三维世界里球形是最完美的形状；

4. 而大地也是完美的。

所以根据这些条件……

大地就是圆的！

老毕不仅觉得地球完美,还觉得整个宇宙也很完美。

于是他又发了条微博,说整个宇宙也是一个大球体。宇宙中心是一团中心火,所有的天体都绕着中心火转。他还假想出一个天体:对地。

毕达哥拉斯认为数字10是完美的,因此,应该有10个会动的天体,但实际观测到的却没有10个,于是他硬编出个"对地"来凑数。

当然,这些理论也不全是他一个人提出来的,准确地说,应该是毕达哥拉斯学派提出来的。

由此可以看出,老毕绝对是个完美主义者,正是由于他的影响,在以后相当长的时间里,古希腊人都和**完美**杠上了。

不成方圆,
不完美。

大佬的话要
赶紧记下来。

二、古希腊的大学霸

老毕之后,古希腊相继出现了许多武林高手,其中吵得最欢的一个叫**苏格拉底**,他还有个徒弟叫**柏拉图**。

这个柏拉图和老毕一个德行:崇尚完美。他觉得,光是宇宙的形状完美还不够,每个天体的运动也必须完美。

于是,他提出天体的运动也是完美的——

匀速圆周运动!

其实柏拉图也注意到了理论和观测不相符的问题，于是，他发起了一项竞猜活动：**拯救现象**。

说白了，柏拉图的意思就是：我的想法没有错，只是还不够完善。

在柏拉图的号召下，大家就开始用匀速圆周运动组合各种模型。

其中有个叫**欧多克斯**的，提出了一个还凑合的方案——

同心球叠加模型

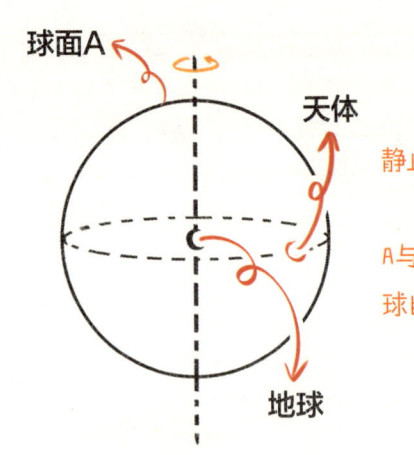

1. 地球是宇宙的中心，且地球是静止不动的；

2. 地球外套着一个球面A，球面A与地球同心，称为同心球，且同心球自身绕轴旋转；

3. 天体沿同心球的赤道运动。

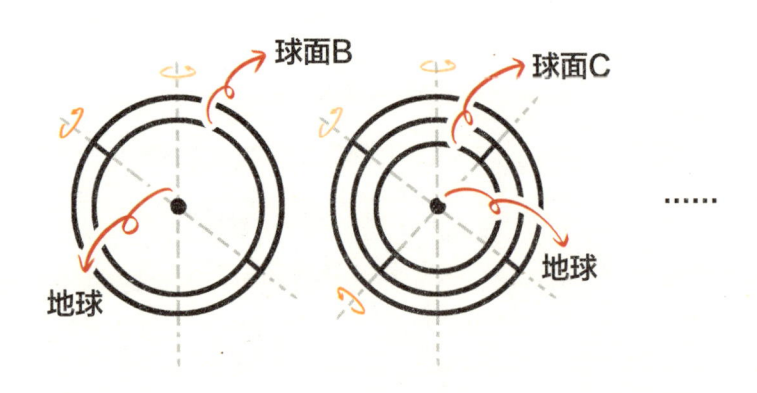

地球不止嵌套一个同心球，而是有很多同心球，一圈套一圈。比如球面B、球面C……以此类推，大概有27个同心球。

这个理论很复杂，也早就过时了，为了不浪费大家的脑细胞，就打个简单的比方：它其实就像俄罗斯套娃，一层套一层，为的就是让理论和现象能匹配。

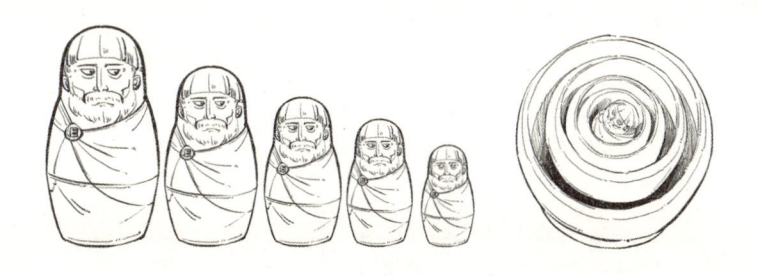

"**地球位于宇宙中心**"是欧多克斯提出来的，这就是**地心说1.0版**。

在这之前，大家并不关心天体的运动，欧多克斯之后，大家开始想给天体排日程表，其实就是想预测天体的运动。

如果非要用一句话概括欧多克斯模型的意义，那应该是：从这时开始，古希腊的杠头们开始接地气了。

这就好比射箭，欧多克斯之前，比的是谁的动作更酷；欧多克斯之后，比的是谁射得更准。

现在，我们要请出古希腊的大学霸了，他也是柏拉图的徒弟，欧多克斯的师兄弟，我们熟悉的**亚里士多德。**

> 大家好，我们又见面了！

> 叫我小·亚就好！

前面我们提到，小亚在讨论万物本原时，实现了一次称霸，现在聊到了宇宙，他当然也不能落后。要实现这个目标，就得完成两件事：

1. 证明大地是球形的

首先，小亚为了让大家相信大地是球形的，他找到了几个关键证据。

证据一：
夜晚的时候，一直朝着北极星走，前方会出现一些新的星星，而后方的一些星星会消失。

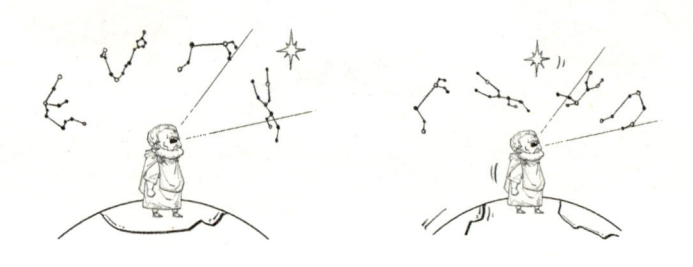

证据二：
大海里的帆船，靠近时先出现船帆，后出现船身；离去时，船身先消失，船帆后消失。

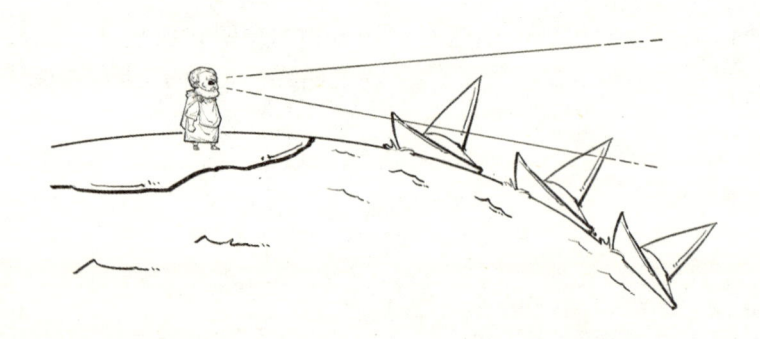

证据三：
月食的时候，大地投射在月亮上的影子是弓形的。

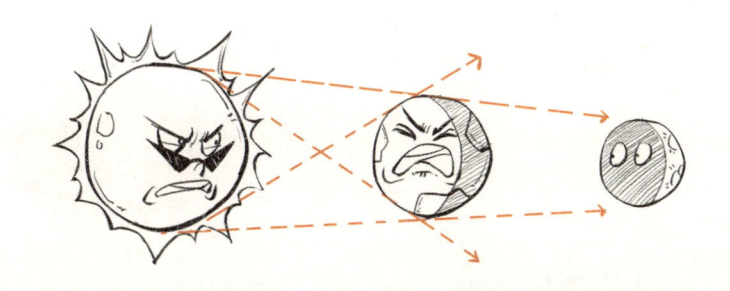

亚里士多德为了证明大地是球形的，使用了罗列观测证据的方法，这是人类第一次使用这种方法，它打开了实证科学的大门。

2. 提出水晶球模型

大家还记得前面欧多克斯的27个同心球吧,小亚作为一个很有想法的人,思前想后,决定再加几个,这一加就是22个。

他的模型被我们称为**水晶球模型**。

但他这样做不是为了让天体的日程表更准确,而是为了解释天体为什么会运动。

让我们通过下面这张图来体会一下小亚的想法有多高端。

> 这颗星下周一还会出现的，原因是■￥%&*……

> 这颗星下周一还会出现！

> 看，那儿有颗星！

"水晶球模型" 就是**地心说2.0版**。

亚里士多德的水晶球模型，不再局限于追求理论和各个天体运动现象的吻合，而是开始尝试了解天体之间的相互关系。

三、古希腊的人工智能

亚里士多德之后，小伙伴们沿着柏拉图"拯救现象"的精神继续探索。也就是说，他们正朝着"更准"的方向努力。

当时的人们发现，五大行星的行踪，就像姑娘的心思一样难以琢磨，一会儿向左，一会儿向右；一会儿变亮，一会儿变暗。

糟心的是，同心球理论并不能解决这个问题。

五大行星就是我们熟悉的金、木、水、火、土这五颗行星。

不久之后，一个叫作阿波罗尼的人提出了本轮和均轮的概念，来补充地心说模型。

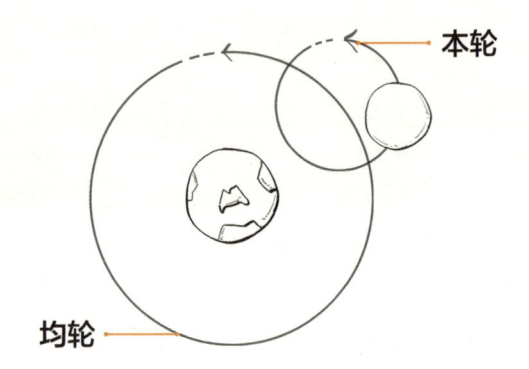

后来，又有一个叫作喜帕恰斯的人提出：如果地球不在太阳圆周运动的中心点上，而是处于一个偏心的位置上，模型会更加准确。

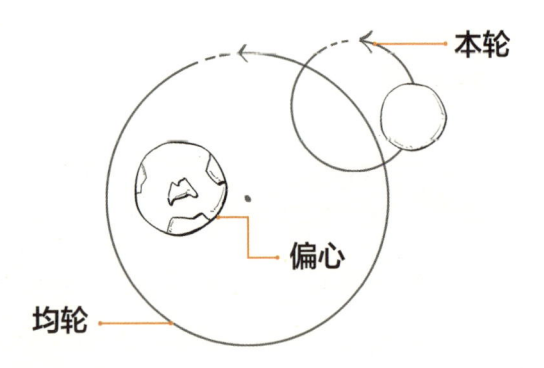

这里要强调一下，这时的人们仍然相信地球是宇宙的中心，只不过它不在均轮的中心而已。

最后，把地心说进行完善和推广的是**托·古希腊人工智能·勒密**。

其实他干了一件亚里士多德干过的事，也就是之前提到过的老三步——

第一步：大量学习前人理论，并进行系统性总结。

第二步：在前人的理论基础上加入自己的想法，并根据实际观测结果不断校正理论。

第三步：提出系统的地心说模型，出版巨著《**天文学大成**》，也叫《**至大论**》。

"**托勒密的地心说**"就是**地心说3.0版**,也是**终极版本**。

这本书横行西方天文学界一千多年,是那些年里的标准教科书。

托勒密这套系统最难能可贵之处,在于其引入了大量数学方法进行论证。

在那个没有计算机的年代,托勒密就已经在搞大数据运算了,关键是还算得贼准,完全就是一个行走的人工智能。

我不是针对谁,我是说在座的各位都是垃圾。

经过几代学者的折腾，地心说得到了一次次升级，用地心说对天文现象做预测，已经可以做到很准确了，至少对于那个时代而言已经完全够用了。

很多人认为地心说算不上科学理论。这种理解其实并不正确，实际上地心说符合科学理论的基本要求：

✓ 严格的定义

✓ 严密的逻辑推理

✓ 可以通过实验验证

请看下篇：

古希腊另类杠头集锦

四、古希腊另类杠头集锦

古希腊奇葩超级多，但在茫茫葩海中，还有两位另类杠头，我们绝对不能错过。

几何之父
欧几里得

力学之父
阿基米德

两位大佬对科学做出了巨大贡献，影响力持续至今，他们的理论是初中**数学**和**物理**的重点内容。

冤有头，债有主，是不是依稀想起当年被这两门学科支配的恐惧了？

别拦我！
谁拦我我跟谁急！

嘴上随便突突，刀下冤魂无数，堪称史诗级刽子手。所以这篇，咱们就来好好认识一下这两人。

一、欧几里得

据说小欧是个好学的孩子，年轻时候的梦想，就是去**柏拉图学园**深造。

柏拉图学园是图哥创立的学术圣地，以分数线高、招生严格著称。学园门口常年竖着一块木牌，上面满是对文科生深深的恶意："**不懂几何者，不得入内！**"

不懂几何，不配上学！

面对这样一条铁律，无数学子只能默默流泪。

就在众人望而却步之时，人群中的欧几里得却暗自窃喜。

> 哎呀呀！撞上技能点了！

原来，小·欧偏科严重，是几何界的顶级学霸。

于是他一个箭步，直接溜进学园！这个故事也告诉我们一个道理——

三分靠努力，七分靠押题！
爱蒙才会赢！

> 专业对口！

不懂几何者，不得入内

每个学有所成的学子，都有个一线城市梦，欧几里得也一样。

毕业后，小欧决心做个亚漂，他来到了古希腊文化最发达的地方——**亚历山大城**。

到底多有文化呢？

据说那里的人对知识的渴望，已经到了丧心病狂的程度。如果你家财万贯，没人会搭理你，但假如你带着一本书上街，那你甚至可能会被官方打劫。

接着他们会找人把你这本书抄一遍，然后把誊抄的版本给你，原本则收入他们的图书馆中。

所以，在亚历山大城生活的日子里，欧几里得简直如鱼得水。

而且他还搞了件大事，套路和亚里士多德很像。

快到碗里来。

Step 1:
搜集整理以前的数学知识，并向数学大神们请教。

加点作料。

Step 2:
在原来知识的基础上，加一些自己的创新。

so easy!

Step 3:
写出史上最成功的教科书——
《几何原本》。

这本书瞬间就冲上了各种榜单，成为现象级畅销书，连国王都变身为欧粉。

虽然国王也是学霸，但在几何里却栽了跟头，于是他偷偷溜到欧几里得面前，求取真经。

欧巴（哥哥），
开个后门？
晚上到我房里私教？

王总，
请你放尊重一点！

于是就有了这样一条千古流传的学习箴言：

"在几何学里，
没有专为国王铺设的大道。"

——欧几里得

翻译成大白话就是：

学习得一点一点啃！
头发得一根一根掉！

除此之外，《几何原本》最厉害的地方在于，它用到了——

公理化方法

举例来讲：

首先，《几何原本》里有23条最基本的**定义**，**用以说明点、线、面、圆、角等是什么；**

其次，还有5条**公设，比如点到点可作一条直线。**

接着，从这些定义和公设出发，推理演绎出一些**结论，比如三角形内角和为180度。**

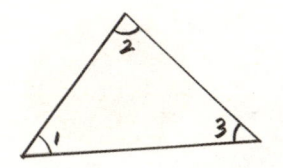

$$\angle 1 + \angle 2 + \angle 3 = 180°$$

最后，推演出的结论越来越多，渐渐就形成了几何学大厦。

欧氏几何

总结一下，公理化方法就是：在一定的定义和规则下，通过逻辑演绎整出一套东西。

这事儿就好比，程序员们只要根据一些初始代码，就能敲出一个个程序。

这套方法，后来也成了建立知识体系的典范，牛顿的力学三大定律、爱因斯坦的相对论，都是用这方法推出来的。

欧几里得也因此被称为**几何之父**。

到了19世纪，人们发现，这种被大家普遍认可的定义、公设，也未必是绝对真理，并由此诞生了**非欧几何**，但这是后话了。

二、阿基米德

作为欧几里得的徒孙，小基不仅继承了数学基因，在物理学领域也是闪闪发光，被称为**力学**奠基人。

他最为人熟知的，就是这三件事：

1. 泡过一个著名的澡

话说国王做了一项金王冠，怀疑工匠掺假，让阿基米德当打假大臣，结果小基不好好干活儿，忙里偷闲洗了个痛快澡……

让初中生们苦不堪言的**浮力定理**，就是这么来的。

2. 打过一场不明不白的仗

这一战中阿基米德搞出了很多武器，被罗马将军称为**"罗马舰队与阿基米德一人的战争"**。

1号武器

把战舰吊到半空，重重摔下。

2号武器

向敌人投飞石或标枪。

3号武器

这个糟老头子坏得很。

聚光烧舰。

3. 吹过一个惊天牛皮

> 给我一个支点,我就能撬起整个地球。

没错,这就是著名的**杠杆原理。**

总而言之,阿基米德用实际行动告诉我们:

知识就是力量!

  阿基米德这种把理论和实验研究结合起来的精神,正是现代科学的精神。

已经很牛了，有没有！

但这还不是最牛的，阿基米德在数学方面也取得了巨大成就，他计算出了**圆周率 π ≈ 3.14**。

首先，我们要搞清楚啥叫圆周率。

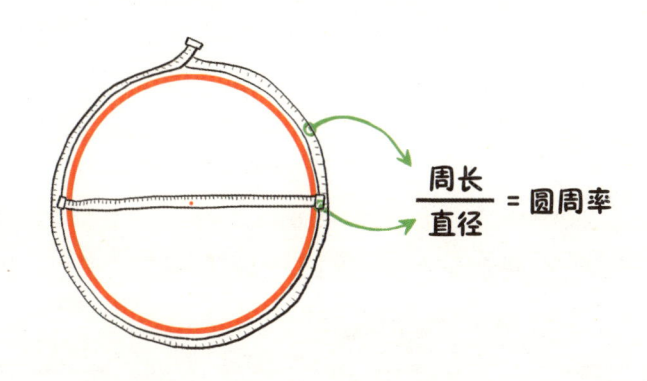

$$\frac{周长}{直径} = 圆周率$$

那他咋算的呢？

这里要科普一下两个概念：**内接**和**外切**。

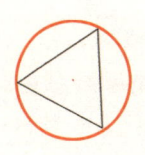

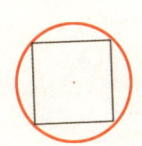

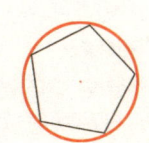

内接

用内接得到一个小的多边形，这个多边形的周长就比圆小。

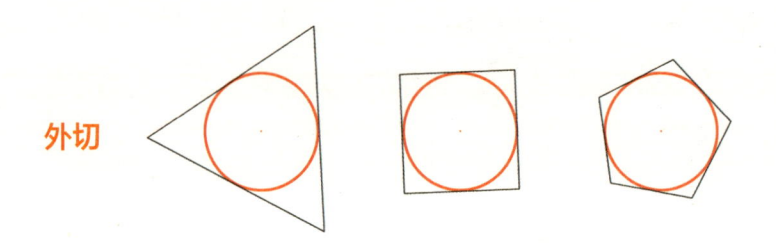

外切

用外切得到一个大的多边形，这个多边形的周长就比圆大。

把一大一小两个多边形的周长，分别除以圆的直径，就可以得到一个圆周率的取值范围。

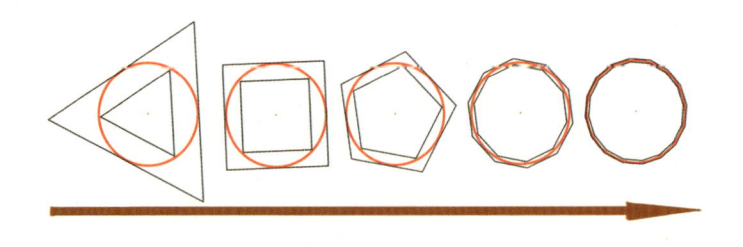

多边形的边数越多，这个取值范围就越小。

这种方法叫作**穷竭法**，是近代极限概念的前身。

可惜的是，公元476年，随着西罗马帝国的覆灭，西欧进入了黑暗的中世纪，持续了一千多年。黑暗的岁月里，科学该何去何从呢？

好了，关于古希腊的大神们，我们就说到这里。

我们下篇再聊！

五、希腊真题的奇幻漂流

各位同学，之前咱们讲了希腊文明，这些智商爆表的古人，留下了无数智慧结晶。谁能掌握这些智慧，谁就能起飞。我们亲切地把这些智慧遗产称为——

希腊真题！

在此后的一千年里，这些希腊真题屡遭浩劫，经历了两次大漂流：

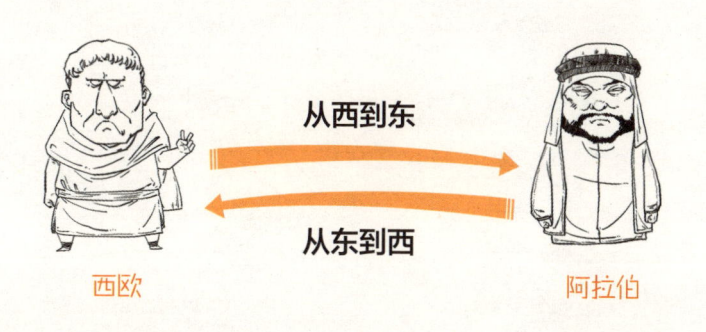

西欧　从西到东／从东到西　阿拉伯

下面咱们就来看看，希腊真题是怎么漂的。

一、从西到东

就在希腊文明吃着火锅唱着歌的时候，欧洲发生了一件大事——**罗马人被麻匪给劫啦！**

北方蛮族接连攻击罗马帝国，引发战乱不断，后来罗马帝国干脆啪一下，分成了两半：

西罗马　　　　东罗马

从此，欧洲进入了一个漫长的时代——**黑暗的中世纪。**

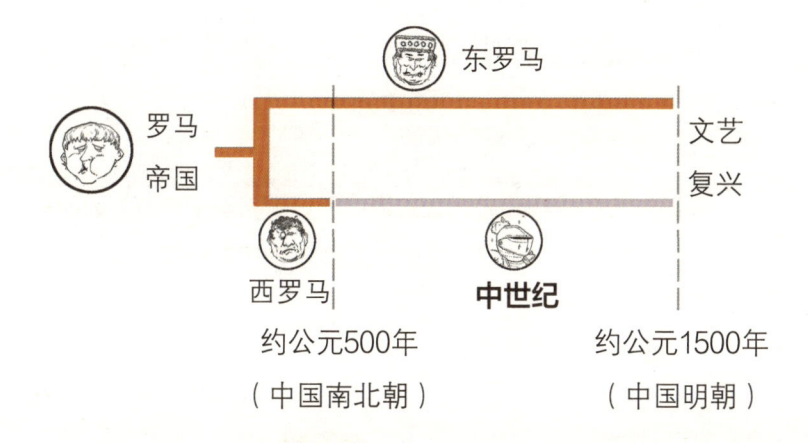

东罗马
罗马帝国
文艺复兴
西罗马　**中世纪**
约公元500年　　　　约公元1500年
（中国南北朝）　　　（中国明朝）

乱世之中，老百姓需要信仰来寻求安慰，皇帝需要信仰来控制人民，于是潜伏了几百年的基督教成了欧洲社会的主流。

朋友，信上帝，得永生。记得买券！

于是，一个新的局面开启了——基督教的神学就是电，就是光，就是唯一的神话。而科学呢？成了唯一的笑话。

在这个神学至上的时代，代表着先进科学的希腊文明，自然会遭到各种迫害。咱们举两个例子：

1. 亚历山大图书馆藏有无数珍贵的资料，相当于希腊文明的藏经阁，七十二绝技全在里面。但是，历经宗教打击和各种战乱，最后全被烧毁，灰都没剩下。

> 烧了这些，就不用做题啦！

亚历山大图书馆经历过数次大规模破坏，据说最后彻底毁于阿拉伯帝国之手，不过此事尚存争议。

2. 亚历山大城里有世界第一位女数学家希帕蒂亚，因为不信基督教，宣传自己的科学，受到基督徒的憎恨，最后竟然被狂热的基督徒残忍杀害。

> 花花肠子这么多，一看就不是正经女人！

有部电影叫作《城市广场》，讲的就是希帕蒂亚的故事，大家有兴趣的话可以看看。

希腊科学的发展进程,在西欧算是中断了,而东罗马帝国虽然收藏了很多希腊的真题,但也没怎么研究,没啥大发展。

希腊科学在欧洲是混不下去了,但西方不亮东方亮,从东方的大漠风沙中,蹿出来一群大佬——**阿拉伯人**。

你是风儿,我是沙。
　　缠缠绵绵,到天涯。

在阿拉伯人爆发小宇宙之前,世界的形势是这样的:

东罗马
波斯
阿拉伯

阿拉伯人那地方,条件太恶劣,全都是沙子,想玩泥巴都没水,那叫一个穷。

阿拉伯人本来属于游牧部落,散布得到处都是,后来出了个大咖穆罕默德,创立了伊斯兰教,通过统一信仰和思想,把他们整合起来了。

形成合力的阿拉伯人,激发了内心的热血之魂,瞬间横扫世界,建立了阿拉伯帝国。

所以你发现没,这个世界上最锋利的武器从来就不是刀,而是——

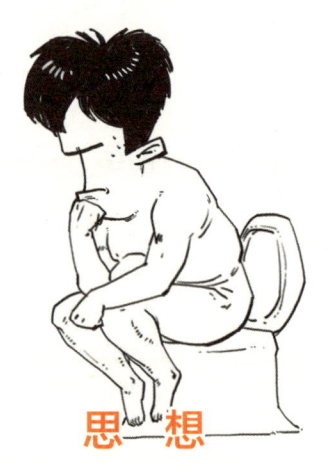

思 想

在征服了西方的很多领土后,阿拉伯人发现了一个好玩意儿,就是:希腊真题。

接下来,阿拉伯人掀起了一场百年**翻译运动**,竟把希腊真题全翻译成了阿拉伯文!

你看看人家阿拉伯人，为了学习，下了多狠的功夫！

> 求译文不如求自己。

而且好学的阿拉伯人还特意建立了一个教研组，招揽各路人才，专门负责翻译和研究这些希腊真题，这个教研组叫作**智慧宫**。

智慧宫里智慧果，
智慧宫里你和我。

在这个智慧宫里，结出了很多智慧果，咱们就说一个人：**花剌子米**。

阿花精通天文地理，是个全才，他最大的贡献是在数学领域，他建立了代数学，写了好几本数学著作，后来传入西方，甚至成了教材，他也因此被称为**代数之父**。

阿拉伯数字也是经花剌子米推广后进入数学体系中的，不过，这些数字其实是印度人发明的，只是欧洲人误以为是阿拉伯人发明的，所以称为阿拉伯数字。

花剌子米的贡献还有很多，涵盖许多领域，是那个时代的学术集大成者，堪称阿拉伯的牛顿。

就这样，希腊真题在阿拉伯人手里发扬光大了，但在它的欧洲老家，却几乎被遗忘。

不过出来久了，总会回家，希腊真题的第二次漂流来了。

二、从东到西

伊斯兰教越传越广，穆斯林们越来越强大，他们和西方基督世界的矛盾也愈演愈烈。

后来，穆斯林夺取了基督教的圣城**耶路撒冷**，东罗马帝国一看打不过人家，就扭头回去叫兄弟了。

你等着，我叫人去！

西欧这会儿穷得要死,社会矛盾特别激烈,正好可以借这个机会发泄一下。

于是,他们打着上帝的旗号,组建了十字军,千里迢迢跑去跟穆斯林火拼,这一拼,就是两百年。

十字军东征虽然给双方带来了巨大的损失,但也使东西方的交流更为频繁。

这时候,西方人发现,阿拉伯人手里有个东西,看着好像挺眼熟啊。

这不是失传已久的希腊真题吗!

不过现在的真题可比原版牛多了，经过阿拉伯学霸们的注释，它已经变成了超级加强版。

真题 + **笔记** + **错题本**

阿拉伯人作为世界文化的中介，接受了希腊、东罗马和中国的文化，并逐渐形成了自己的文明。他们的文明成果，随着东西方越来越多的交流，全都开始向西方传播。

于是西方人又当起了字幕组，把阿拉伯人手里的希腊真题重新翻译回来，这就是第二次翻译运动。

回锅肉，色香味俱全。

找回了真题的西方人就好像开了外挂一样，这些真题引发了欧洲的学术复兴，也有人叫它第一次文艺复兴，和我们常说的意大利文艺复兴不是同一件事，但它们在时间上是挨着的。不过这还不够，他们还需要一点加成，具体是啥加成呢？

我们下回继续说！

六、科学的曙光——大学的出现与文艺复兴

上回我们说到，西欧人民终于拿到了老祖宗的真题，但光有真题没用，得有人研究啊，得培养接班人啊，这就需要一个场所，专门用来搞研究、学文化。

这就是**大学**。

> 大学不就是逃课、游戏、追妹子吗？

> 你这散装大学是在哪儿上的？

早些时候，传授知识的方式比较原始，主要就是师父带徒弟，一旦师父出了点意外，就很容易导致一些知识失传。

> 我的……毕生所学……都在这个密码箱里……

而大学的出现，就完美解决了这些问题，非常有利于知识的研究和传承。

不过，这么一个学术大杀器，为啥偏偏诞生在了当时黑暗的欧洲呢？

说来你可能不信，大学的诞生跟**教会**有很大关系，虽然当时的教会名声不好，但它为大学的出现提供了两个有利条件。

一、社会稳定

由于教会的存在，欧洲几乎没有发生什么大的战争。

二、有一群时间充足且不愁吃喝的教士

当时欧洲的贵族，都散发着浓浓的文盲气质，有文化的阶级主要是教会里的教士。

在这样的有利条件下，11世纪的意大利诞生了世界上第一所像样的大学——

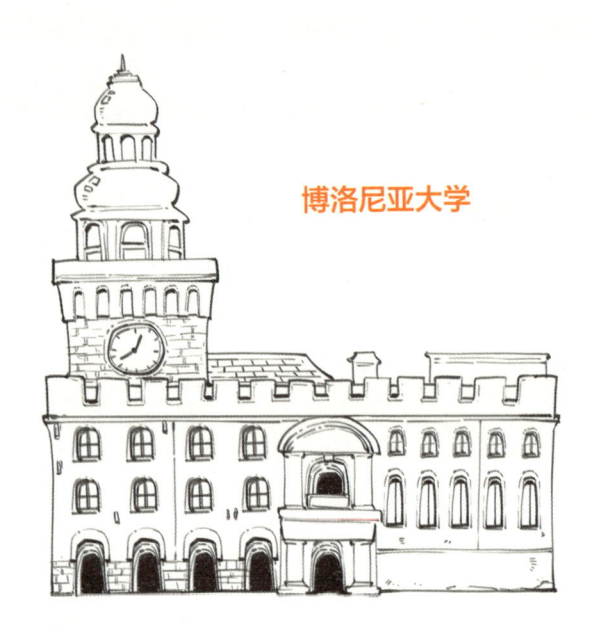

博洛尼亚大学

1158年，神圣罗马帝国皇帝腓特烈一世还专门为博洛尼亚大学颁布了法令，规定它作为研究场所享有独立性，可以不受其他权力影响。从此，博洛尼亚大学成了有身份的大学。

大学出现的时间，大概就在这个时候：

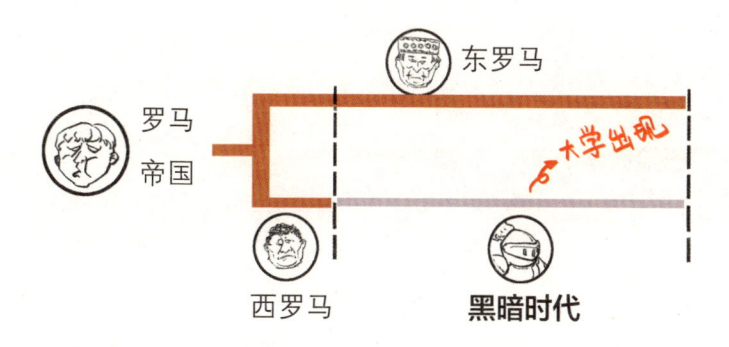

罗马帝国 / 东罗马 / 西罗马 / 黑暗时代 ← 大学出现

掐指一算，这个时候的中国大约处在北宋时期。

博洛尼亚大学建立后，欧洲大陆上又诞生了很多其他大学，比如：

巴黎大学

巴黎大学

巴黎大学建成后，成了当时最好的大学，欧洲各地的学生和老师都凑到了这里。

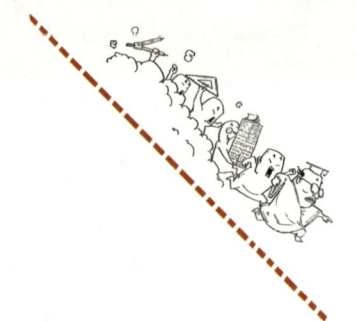

但英国和法国是万年的死对头，所以英国人干脆自个儿建了个牛津大学。

牛津大学

剑桥大学

后来，牛津的学生闹出了一桩命案，惹怒了镇上的父老乡亲，一些学生赶紧跑路，找了块地自立门户，建立了剑桥大学。

120 科学的曙光——大学的出现与文艺复兴

不过大学的发展也不是一蹴而就，大学建立之后，一些人就开始着手完善校内的各种制度。

举例来说，在早期的大学中，老师不是主导，只是个乙方；真正管事儿的是学生，要是学生对老师不满意，就可以不交学费，甚至还能罚老师的款。

> 不好意思，我们想听《海贼王》，明天尾田老师会来替你。

这样下去，学生爽了，但教学秩序就变得十分混乱。

> 都是为了吃饭。

这时候，有个人站出来解决了这个问题，他就是**牛津大学第一任校长——**

格罗斯泰斯特

在老格之前，教学都是师父带徒弟，学生能学成啥样，完全看师父啥水平。

但老格认为，干教育一定要有体系。

于是老格在授课的时候整出了一套教学大纲，让学校的老师都按照这个大纲去教学生。

按照这个讲，年底准能评上优秀教师！

这样就可以把教学内容标准化，源源不断地教出具备一定知识功底的人才，实现知识的传承。

学生学的知识越系统，学习效果越好。

再比如早期的大学里人们搞科研，说得学术一点，是靠查资料和推理，说难听点，就是**全靠蒙**。

嗯，他们的研究方法和我考试前的复习方法很像。

蒙的全对

这时候,牛津大学又有一个老师站出来了,他就是——

罗杰·培根

大家好, 我不是那个培根。

他说,要获得新知识,靠蒙是不行的,必须靠做实验。

实验万岁!

这家伙自己就是个实验狂人，拿手绝活是炼金术，也就是我们所熟悉的**化学**的前身。

人送外号：奇异博士。

培根后来在一次实验中不幸去世，可以说一生都在践行他的理论。

> 这就杀青了？

就这样，格罗斯泰斯特的**系统化学习**加上培根的**实验科学**，让大学的发展慢慢走上了正轨。

虽然听上去很牛,但这时候的大学里还没啥正经专业,神学还是主流,在那个时代,大学里只有两种人。

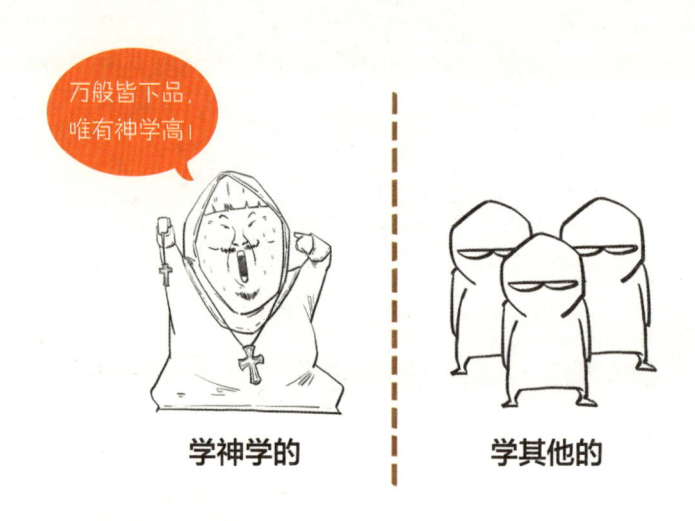

万般皆下品,唯有神学高!

学神学的 | **学其他的**

在学神学的人里,有一些比较死心眼,不仅信仰上帝,还非要搞清楚上帝是怎么让这个世界运转的,所以这批人又开始研究自然界的规律:

自然哲学

没错，自然哲学发展到后来，就是我们所说的科学了。

科学发展到现在，有了人才，有了搞研究的场所，还有希腊的真题集，可以说万事俱备。于是，欧洲终于迎来了扫盲黄金时代——

文艺复兴！

它和黑暗时期的关系大概是这样：

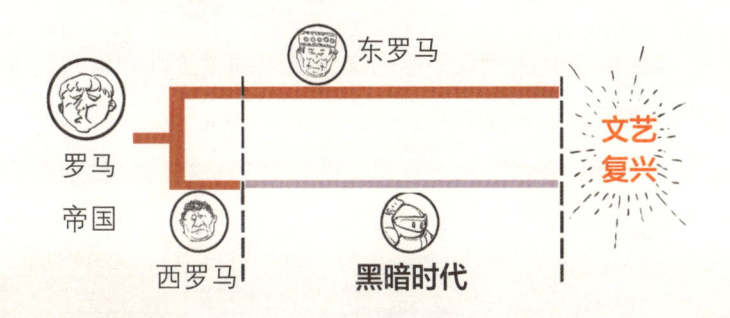

罗马帝国 — 东罗马 / 西罗马 — 黑暗时代 — **文艺复兴**

欧洲人发现，要想有文化，就得全方位大扫盲，于是文学、自然科学、艺术等专业都相继开始发展。

这场扫盲运动就是传说中的**文艺复兴**。

但无论搞科研还是搞艺术,都不太来钱,所以通常都需要有人赞助,这就不得不提文艺复兴首席天使投资人——

美第奇家族

> 我们不是没底气,实际上我们相当有底气。

咋就这么有底气呢?因为文艺复兴的发源地在意大利佛罗伦萨,美第奇家族就是佛罗伦萨的实际掌权人。

这个家族势力很大,家里是开银行的,据说连教皇都把自个儿的私房钱交给他们来打理。

> 交给我们吧,你不理财,财不理你呀。

美第奇家族不仅十分有钱,他们还意识到艺术和科学的重要性,于是铆足了劲开始在各个领域撒钱。

出钱让人搞建筑

出钱让人搞艺术

出钱建图书馆

出钱资助学者搞研究

所以很多学者感叹，要是没有美第奇家族，估计文艺复兴还得晚个几百年。

不过，今天我们说起文艺复兴，能想起的名人都有谁？写《神曲》的但丁，还有文艺复兴三杰，是不是感觉都是一帮文艺青年？

实际上，文艺复兴也是科学的复兴，不信，混子哥给各位举几个文艺复兴时期的科学小狂人。

第一个就是我们熟知的**达·芬奇**。

等等，你确定没走错片场？你一个画画的怎么和科学扯上关系了？

话说达·芬奇非常喜欢做实验,他的人生格言就是:能动手,尽量不吵吵!

这就非常符合科学的精神作风,比如他为了搞清楚人体结构,曾亲自动手解剖尸体来研究。

别跑啊,就一刀,就一刀。

不仅是达·芬奇,据说雕塑家米开朗琪罗也解剖过尸体,所以我们今天看到的文艺复兴时期的画啊、雕塑啊,都很真实。

达·芬奇把他的研究成果画成了图纸，对后来的解剖学产生了很大影响。

> 都是干货啊亲！

所以从达·芬奇的例子我们能看出，如果一个人会画画，还学识渊博，请一定要嫁给他！

> 干什么？

> 你们看我干什么？

达·芬奇不仅对解剖学做出了贡献，他还是个多面手，比如他曾经通过解剖鸟类来研究飞行器，设计各种机械装置，等等。

> 我要飞得更高……

大概也只有这样辉煌的人生，才配称得上**文艺复兴三杰**之一吧。

拉斐尔　　达·芬奇　　米开朗琪罗

唠完了达·芬奇，咱们再来说说**笛卡儿**。

这名字听起来可能比较陌生，但要说到他的成就，估计你就想起来了。

在中学时代把你虐得死去活来的**直角坐标系**，就是他搞出来的。

据说直角坐标系的产生和蜘蛛还有点关系。最初代数和几何没法统一，因为代数是抽象的数字，而几何是明明白白的图形，那咋把这俩结合起来呢？

有一次笛卡儿看见墙角的蜘蛛，爬前爬后，爬左爬右……

他灵机一动：要是把墙角的线变成数轴，蜘蛛在哪个位置不就确定出来了吗？

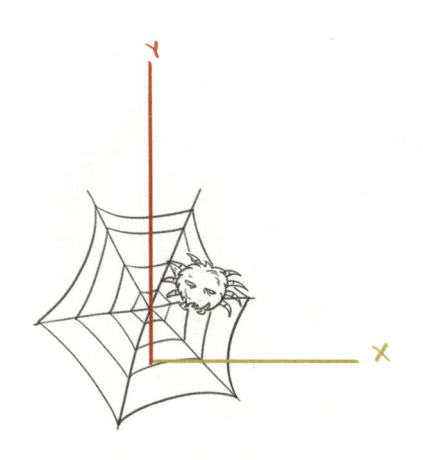

于是，直角坐标系诞生了。从此，代数能表示几何，几何也可以表示代数。这为数学发展做出了伟大的贡献。

在数学里过足了理科生的瘾，笛卡儿又跑到文科生的领域撒欢。

哲学史上那句很有名的"**我思故我在**"就是他说的，这句话解释起来比较复杂，了解一下就好。

总之，在文艺复兴的时候，还有很多科学怪才。

比如提出**光的波动说**的**惠更斯**；

比如提出**血液循环理论**的**哈维**；

知识就是力量。

比如实验科学的创始人，近代归纳法的创始人——**弗朗西斯·培根**。

还有梅森、玻意耳、伽桑狄、罗伯特·胡克、列文虎克、弗拉姆斯蒂德、莱布尼茨、帕斯卡、吉尔伯特等人。

这些大牛一个接一个出现,意味着前方正酝酿一场风暴,一个新的时代就要到来……

欲知后事如何,请看下回:

《宇宙天团的中心位之争——哥白尼革命》!

七、宇宙天团的中心位之争——哥白尼革命

话说西欧文艺复兴后,各行各业都忙着闹革命,而这一革,就革到了科学圈,革出一件足以改变人类文明进程的大事——

哥白尼革命

提到哥白尼,如果你只知道**日心说**,那就太落伍了。

事实上,这场革命不仅颠覆了大家的三观,还提出了一套**认识事物的新方法、新观念。**

参与这场革命的人很多,个个都是一等一的高手,其中有五位尤其重要,他们分别是:

开普勒　第谷　哥白尼　伽利略　牛顿

在接下来的几篇里，混子哥将带大伙儿沿着这五位大佬的足迹，来看看这场革命的来龙去脉。

首先，让我们来看——

哥·革命先驱·白尼

首先，让我们把进度条往回拉拉。话说在古希腊时代，先后有几位大神奠定了**地心说**。

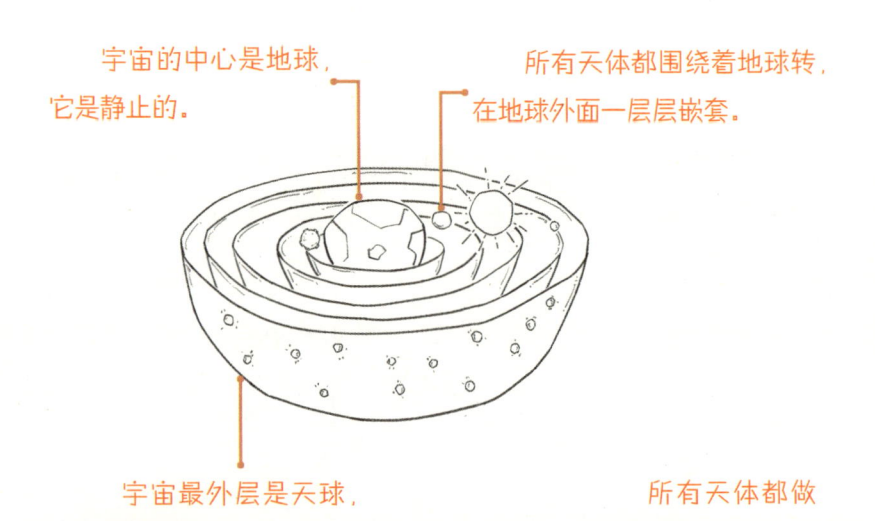

宇宙的中心是地球，它是静止的。

所有天体都围绕着地球转，在地球外面一层层嵌套。

宇宙最外层是天球，上面嵌着恒星。

所有天体都做匀速圆周运动。

后来因为观测现象和理论预测差太多，托勒密等人对这个模型进行了修正。

加了许多轮子校正理论，还让地球稍微往边上挪了挪。

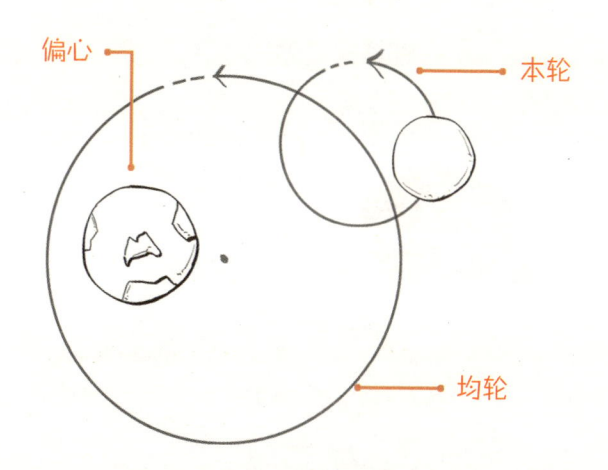

偏心

本轮

均轮

这还没完，随着观测数据越来越多，为了让地心说更合理，轮子也越加越多，多到大家都开始怀疑人生。

据说连当时的人都不相信上帝会创造出这么复杂的宇宙。

漏洞这么多，你不累吗？

是他们太高估我了。

到底是哪儿出了毛病呢?

小学生都知道,如果有道题一堆学霸解了上千年都解不出来,

那肯定是题出错了!

(不好意思,手滑!)

地心说之所以会变得如此复杂,就是因为所有假设的前提都是"地球是宇宙的中心"。

(中心位出道!)

146　宇宙天团的中心位之争——哥白尼革命

那有没有可能,地球根本不是宇宙中心呢?

一个波兰学霸就冒出了这个疑问,他是——

尼古拉·哥白尼

哥白尼出生在波兰,大学毕业后,为了追求更高的学术造诣,他跑到了文艺复兴的中心意大利留学。留学期间,小白翻阅了大量古希腊经典,从一本冷门书籍中得到启发。

> 太阳是宇宙中心!
> 哎呀呀!刺激!

阿里斯塔克在公元前270年就提出日心说的猜想，只是没建立起像样的数学模型，也没有观测数据和实验证据来支持自己的理论。

小白留学归来后，找了个教会的工作，除了日常打卡上班，还经常搞些天文学研究。

他给自己弄了个天文台用作观测，他越观测，就越觉得哪里怪怪的。

妈呀！地心说也忒复杂了！

于是，他有了一个大胆的想法，把地心说里多余的轮子通通砍掉！

> 把太阳放到中心位！

小白发现，如果用太阳取代地球作为中心，可以大大简化宇宙模型，这就是**日心说**。

> so easy!

于是，经过长年累月的观测及数学计算，哥白尼用毕生精力建立了全新的日心说模型，并写了一本书——

《天球运行论》

> 小朋友，你是否有很多问号？

温馨提示，这本书也可以翻译成 **《天体运行论》**。

不过，当时毕竟还是教会统治的时代，哥白尼都没敢发表这本书，直到他快去世的时候，这本书才得以出版。

> 毕生的心血，就让后人去评判吧！

据说哥白尼收到这本书后没几个小时，就静静地去世了。

然而日心说的理论其实还不够成熟，因为还有三个没法解决的问题。

Q1：地动抛物

在地心说当中，地球是静止不动的，而在日心说当中，地球就得动起来，绕着太阳转。

可如果地球是动的，那人跳起来后，不就没法落到起跳点了吗？

不仅如此，由于存在黑夜和白天，地球还得自转。

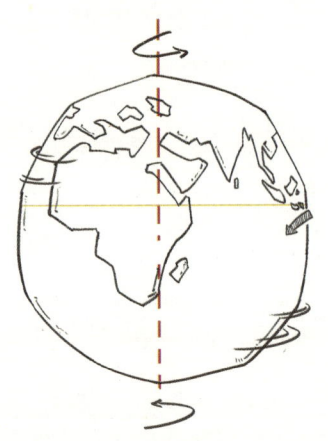

如果自转，也会出现类似的情况，人跳起来后，由于地球自转，落到地面上时也改变了位置。

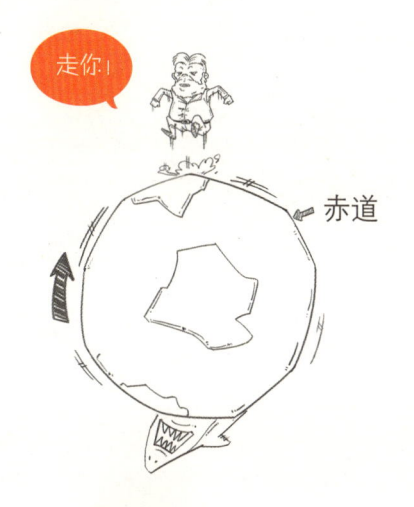

走你！

赤道

走你！

赤道

这个问题，哥白尼并没能很好地解决。

Q2：恒星的周年视差

此外，如果地球是绕着太阳转的，那地球绕转过程中，看到的星空应该是在变化的。

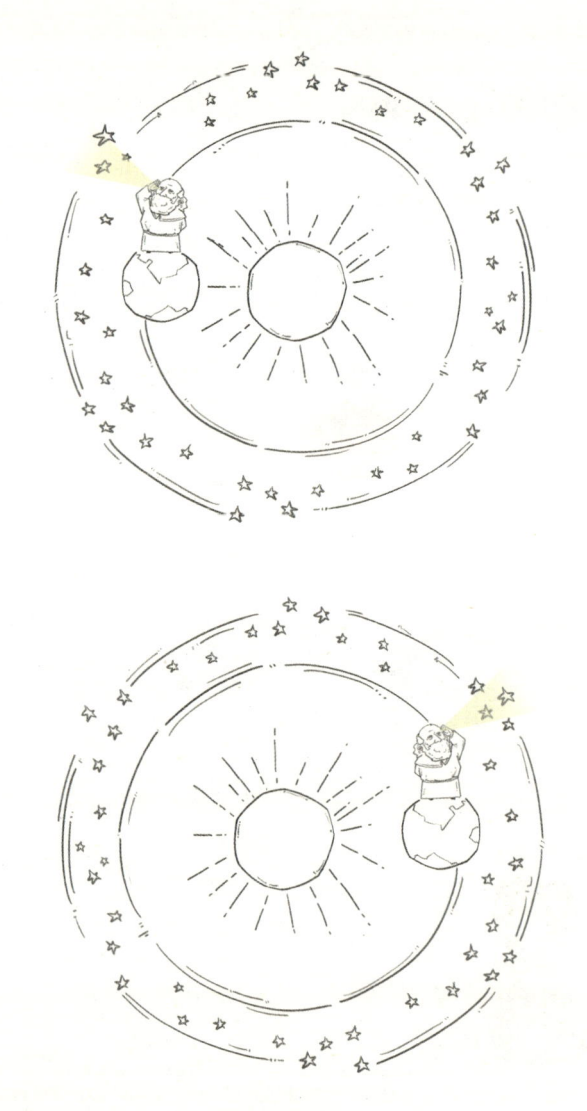

可实际观测的结果是：人们看到的星空基本不变。

所以，早在古希腊时期就有学者提出，**宇宙是完美不变的，不会随着时间的流逝而变化。**

哥白尼却认为，宇宙远比我们想象中的大，地球和太阳之间的距离相对于整个宇宙而言，可以忽略不计，因此我们才看不到星空的变化。

这次哥白尼还真蒙对了，如今我们已经证实了这一点。不过这个观点太超前，当时的学者并不能接受。

Q3：准确度不够

地心说有八十多个轮子，虽然日心说与之相比轮子少了点，也还有四十多个呢，而且最重要的是：**日心说没有比地心说更准确地描述天体运动。**

因此日心说也没有被当时的人所接受。

基于以上三点，哥白尼的日心说实际上并没有撼动地心说的地位。

所以哥白尼的书刚出版时,并没有出圈,只在学术界的小部分人中引起了震动。

是不是还有布鲁诺的功劳?

你被忽悠了。

布·猪队友·鲁诺

虽然布鲁诺一直以来都被描绘成科学的殉道者,但事实是,他给日心说挖了一个结结实实的大坑。

这是因为布鲁诺其实是个泛神论者,说明白点,就是他不相信世界上存在超自然的神。布鲁诺认为有很多个太阳系,每个太阳系里都有一个不同的上帝。

而他发现日心说正好可以支持他的理论,于是就开始大肆宣扬。

乡亲们,信白哥,得永生!

后来教会看不下去了，布鲁诺这简直就是在抢他们的饭碗，于是把布鲁诺活活烧死。

还想永生？让你飞升！

所以，布鲁诺其实是因为宗教信仰而死的。

也正是因为布鲁诺，《天球运行论》才被牵连，成了禁书。

小白，别怪我，要怪就怪布鲁诺。

不过对于这场科学革命而言，这只是暂时的失败。

日心说最终还是把人类从**以自我为中心**的最高地位拽了下来。

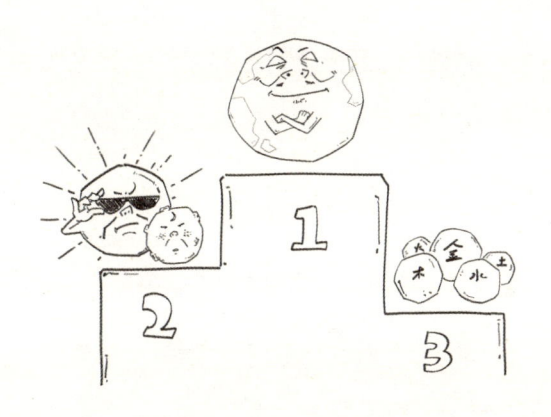

地球一下子成了一颗普通的行星。

这标志着从人本思想到科学思想的飞跃，也让当时的学者们明白，真理不是一成不变的。因此，哥白尼革命象征着科学的萌芽。

不仅如此，《天球运行论》这部著作还被另外两个天才看到了，他们就是——

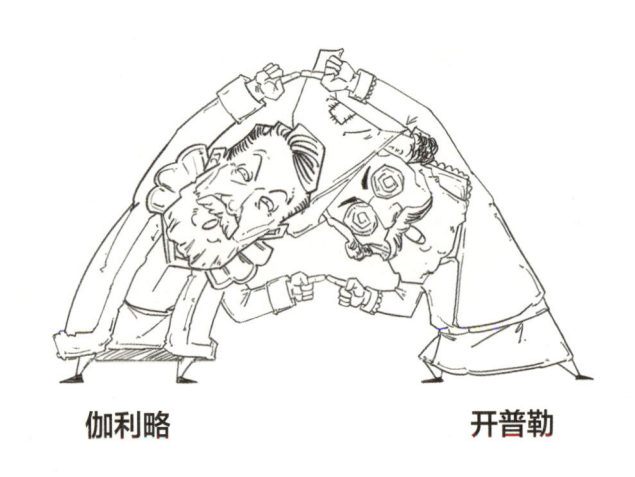

伽利略　　　　　　　开普勒

至于这两人又做了些什么，请看下期：

《现代科学的建立——伽利略》

八、现代科学的建立——伽利略

上篇咱们聊到，虽然日心说看上去很厉害，但也遭到了各路大神的疯狂质疑。

放在大家面前的，是这三大难题：

地动抛物、恒星的周年视差、准确度不够。

如果不解开这三道难题，日心说也就是个空中楼阁，根本站不住脚。

那这些题到底有多难呢？这么说吧，这三道题就是科学家的分水岭，普通科学家拿它们没辙。

能解开的，都是天才！

得像我一样聪明绝顶！

本篇就让我们来看看解开第一道题的天才——

伽·实验狂魔·利略

> 我的人生信条是，

> 能动手，绝不吵吵！

话说科学圈里学霸辈出，通常谁都瞧不上谁，但伽爷却是一朵奇葩，堪称科学史上收到好评最多的男人。

而且点赞的都是一等一的大牛。

比如爱大爷就曾发过这样一条朋友圈：**伽利略的科学发现，标志着物理学的真正开端。**

霍金大叔也曾说过，**自然科学的诞生要归功于伽利略。**

因此，伽利略也被看作现代科学的祖师爷，是圈里公认的一代宗师。

那么，面对日心说的第一个问题——**地动抛物**，伽爷是如何解决的呢？

伽利略在一本书中提出了一个著名的思想实验：

萨尔维阿蒂的大船

他假想有一艘船，非常平稳地行驶着。

在这个理想的封闭船舱中，一个叫萨尔维阿蒂的人原地起跳。为啥呢？可能就是闲的吧。

走起！

中点

虽然船在行驶，但跳起来的人还是会落回原地。

中点

地球就好比这艘船，即使在动，人跳起来也会落回原地。

伽利略的时代还没有惯性的概念，他管这个叫"**自然本性**"。

初中物理学过,所谓惯性,是说所有物体都像宅男,除非有外界因素影响,否则他们只会按部就班地做自己原先正在做的事。

就像是一场梦,醒了很久还是不敢动。

因为船里的人和船都在平稳行驶,所以即使他跳了一下,也会保持原来的运动状态,跟着船一起往前走。

让我们稍微回顾一下初中物理。

人垂直起跳的运动轨迹是这样的：

平稳行驶的船的运动轨迹是这样的：

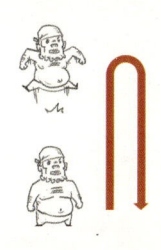

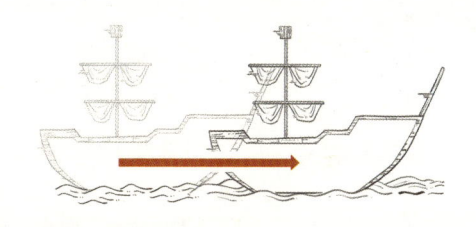

如果人因为惯性跟着船一起运动的话，那就等于把两种运动叠加，于是这个人的运动轨迹就变成了抛物线。

这就是为啥人会落在原地。

但这毕竟只是个思想实验，动动脑筋、过过嘴瘾，都不足以让人信服，还得用实践证明才行。

为此，伽利略亲手做了一个著名的**斜面实验**。

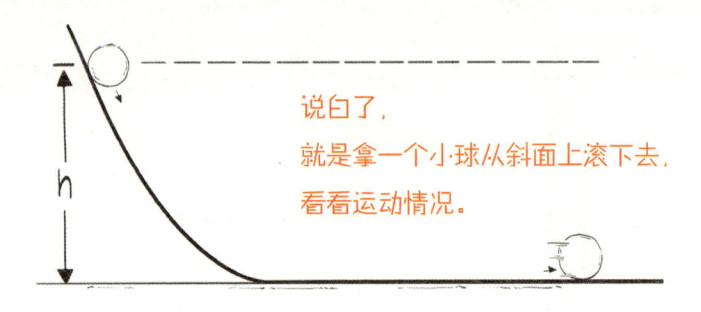

说白了，就是拿一个小球从斜面上滚下去，看看运动情况。

在做实验之前，他找到了一个关键的干扰因素——

摩擦力

专业添堵30年！

他发现，由于摩擦力存在，无论把小球放在什么角度的U形斜坡中，从同一高度滚下，小球最终都会停下来。

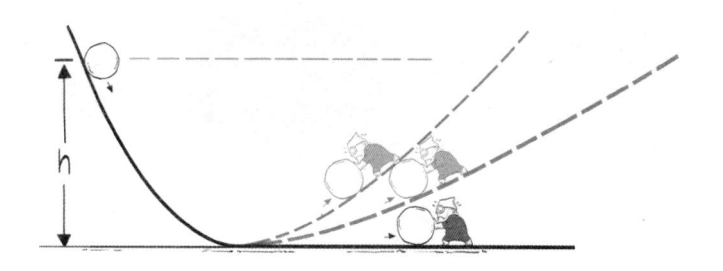

为了减少摩擦力对实验的影响，伽利略想尽办法将斜坡做到光滑。

他发现，只要斜坡足够光滑，不管斜面角度如何，小球几乎都能回到同一高度。

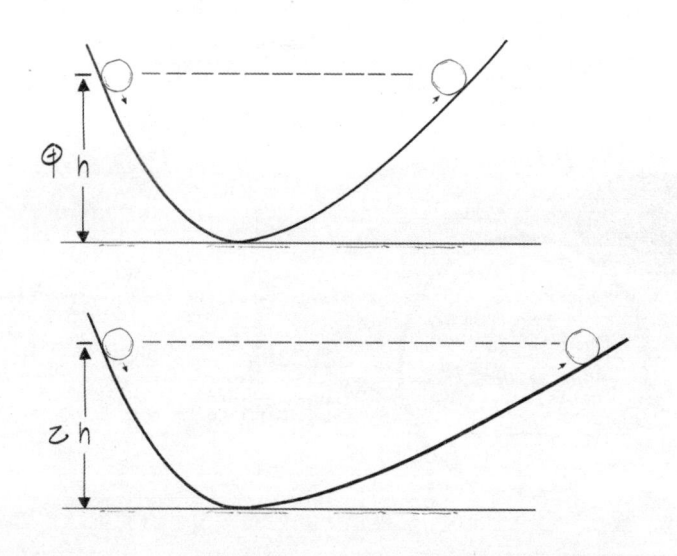

于是他冒出个大胆的想法：如果把斜坡变成平面，为了再次回到同一高度，小球是不是就会一直跑下去？

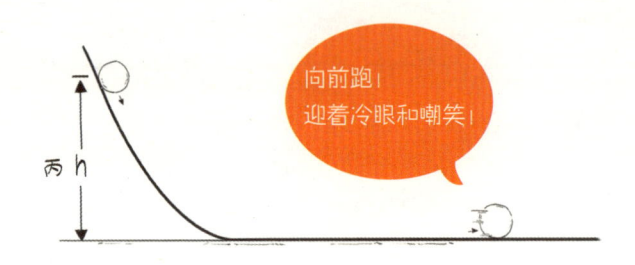

> 向前跑！
> 迎着冷眼和嘲笑！

> 我蒙的！

没错，伽爷推测，如果水平面够光滑，小球就可以一直运动下去，而且速度既不会增加也不会减少，这就是由物体的**惯性**导致的。

> 我抄的！

好多年之后，牛顿就是在伽利略的理论基础上发展出了**惯性定律**。

有了惯性，就能很好地解释地动抛物问题，因为人是跟着地球一起公转的，所以才不会被甩飞。

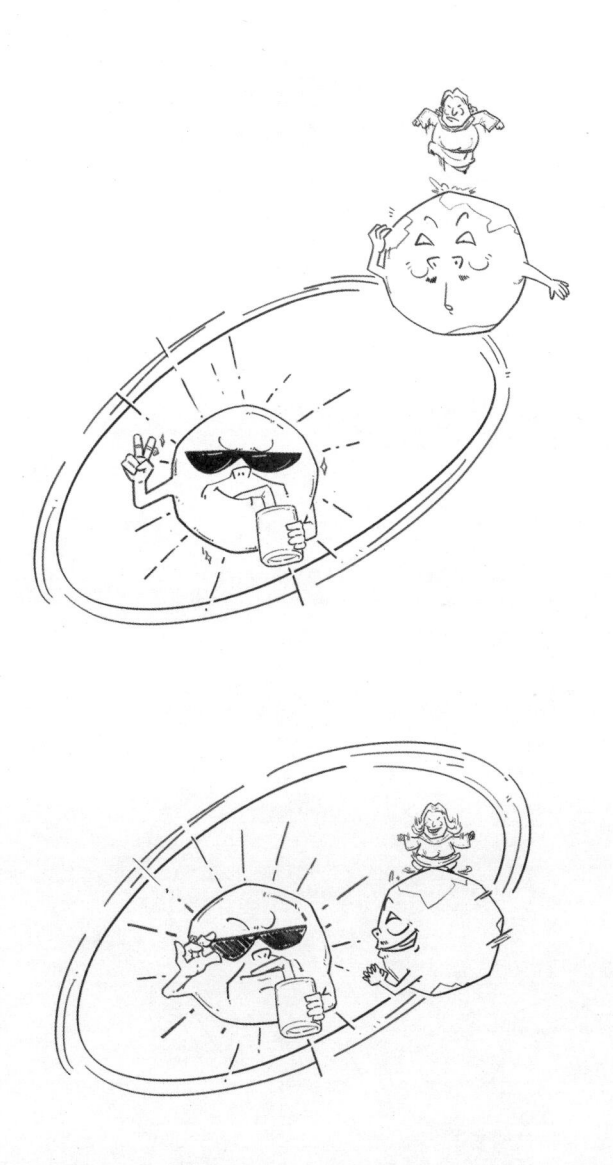

地球自转也是同样的道理，都是因为惯性！

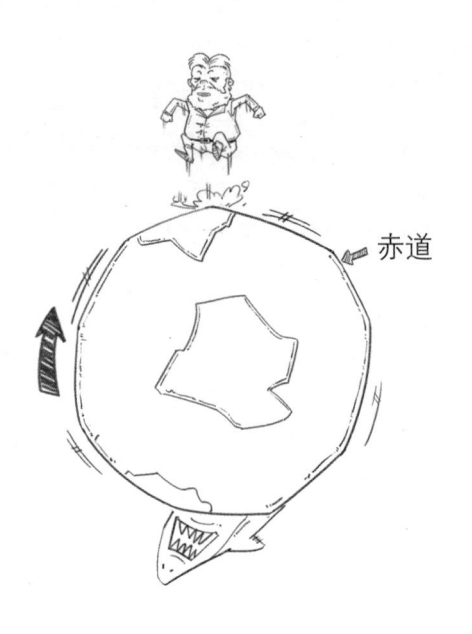

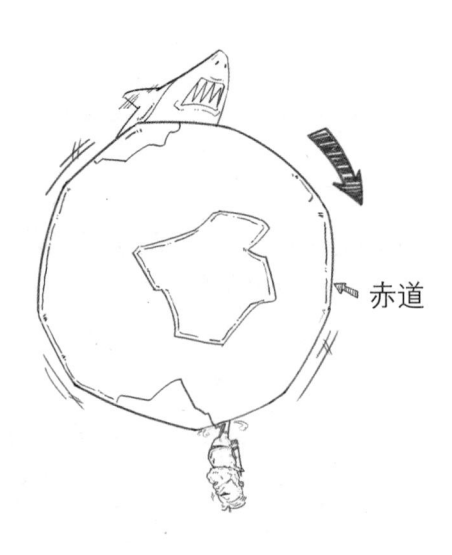

赤道

赤道

除此之外，伽爷还狠狠打过亚里士多德的脸。

在古希腊时期，亚里士多德曾提出，**如果两个物体同时掉落，重的会先着地。**

这是上千年来大家公认的真理，可伽利略却偏要跳出来打脸。

亚总，你说的不对！

他认为这是胡扯。

相传他曾经在比萨斜塔做了一个**自由落体实验**。在同一高度,把两个重量不同的物体同时释放,结果是两者同时落地。

没文化,太可怕!

当然,伽利略是否做过这个实验,尚有争议,除了他的一个学生提到过这事儿,再没有其他任何证据。

为了证明日心说成立,伽利略还升级了装备——**望远镜**,给地心说来了个釜底抽薪。

其实很久以前就有人发明了望远镜,但是放大倍数有限,只能用来偷窥。

素质!
注意你们的素质!

后来伽利略听说了,就开始制造自己的望远镜,大大提升了望远镜的性能。

在伽利略手里，望远镜开始发光发热。他还卖给军方一批，挣了一大笔钱。

别人拿望远镜偷窥，伽爷拿望远镜偷乐。

> 高清无码，你绝对没有过的全新体验。

他甚至还拿望远镜来观察天象，结果他这么一看，就看出了大事。

> 什么亚里士多德，什么托勒密，不过是些蝼蚁罢了，稍纵即逝。

178 现代科学的建立——伽利略

这里我们就说说他的两大发现。

发现一：月亮是个麻子脸

亚里士多德曾提出，月亮是完美的，天体都是光滑的。这确实很符合我们平时观察到的情况，如果用肉眼看月亮，月亮看起来就是个球，表面很光滑。

可伽利略用望远镜观测之后惊讶地发现，月亮丑爆了！还是个麻子脸！

讨厌，人家素颜嘛。

月球表面有很多环形山，长得坑坑洼洼。

伽利略的发现，又一次打了亚里士多德的脸，也吹响了日心说反攻地心说的号角。

180　现代科学的建立——伽利略

发现二：木星有四个小弟

此外，伽利略还观测了木星，结果他发现木星周围还有四颗卫星，这四颗卫星是绕着木星转的。

这可是天大的事儿！要知道，地心说的基础是所有天体都绕着地球转，而木星的四个小弟直接颠覆了地心说的基础。

也就是从这个时期开始,日心说逐渐占据了上风。

伽利略还专门写了一本书——

《关于托勒密和哥白尼两大世界体系的对话》。

听名字就霸气十足。这本书在科学史上极为重要,也被称为**《对话》**。

不过,与其说伽利略是在和地心说作对,不如说他是在和那个时代的世界观作对。

182 现代科学的建立——伽利略

伽利略的一系列举动损害了天主教的利益，因此遭到教会的无情打压。

好在伽爷能屈能伸，最终认罚了。但死罪可免，活罪难逃，伽利略被判终身监禁。

通常大伙儿印象里终身监禁的画风是这样——

实际上呢,他只是被禁足,住在别墅里,没了人身自由。

伽利略是个天主教徒,还和当时天主教的教皇关系很好,但伽利略犯的事儿实在太大,教皇没法睁一只眼闭一只眼,这才把他禁足了。

不过他还可以著书立说，他出版了一本书叫作——

《关于两门新科学的对话》

在这本书中，伽利略详细总结了材料强度、动力学的相关知识以及力学原理。这本书也被认为是近代物理学的基石之一。

除了写书，伽利略还喜欢和朋友开派对，但由于长期观测太阳，晚年的伽利略不幸失明，最后死在了别墅里。

伽利略去世后没多久，另一位天才降生，他将完成伽利略没有完成的使命。

未来是你的。

他就是**牛顿**。

需要补充的是，几乎与伽利略同一时期，还有两位大神级的占星师，也为日心说的发展做出了很大贡献。正是他们和伽利略为牛顿铺好了路。

详细的，我们下篇再接着说！

九、现代天文学的建立——第谷与开普勒

话说伽利略解决了**地动抛物**问题，给地心说来了个釜底抽薪。

但日心说还给大伙儿留下了两个问题：

1. 恒星的周年视差
2. 准确度不够

> 革命尚未成功，同志们仍须努力！

这两个问题要如何解决呢？

让我们有请占星师徒二人组！这两人可不得了，头衔大着呢！堪称玄学鼻祖！

天文学奠基人 第谷　　天空立法者 开普勒

具体咋回事呢？我们一位一位来介绍。

第·人肉大数据·谷

第谷，人称谷哥，贵族出身，据说年轻时脑子不太好使，喜欢找削，为了争一道数学题，闹到和别人决斗。结果，鼻子被削了……

> 你们准备好了吗？我要装鼻了。

好在他心态不错，机智地给自己做了个金鼻子，装鼻的同时，还炫了把富，从此迷上了炼金术。

190　现代天文学的建立——第谷与开普勒

不过，炼金术只是副业，他的正经工作是占星。在那个时代，占星术和天文学还没彻底分开，许多贵族都很迷信，经常找第谷算命。

当时的占星师们为了更好地提供占星服务，得掌握第一手天文资料。第谷就是这方面的奇才。

在那个望远镜还没普及的时代,他拥有整个西方最准、最全的观测数据,是名副其实的**人肉大数据**!

谷哥一下,你就知道!

在第谷时代,论天文观测数据,没有人比他更详细、更精准。

不过要是纵观整个古代文明史,还数中国的天文观测数据最全最详尽。

总之,谷哥凭着这个能力吸粉无数,就连教皇**格里高利**都来请他帮忙修订历法。

在他的帮助下,当时最精确的历法诞生了——**格里高利历**!

直到现在，我们都还在使用这套历法，可以说是非常经得起时间考验了。

在第谷的大数据中，包含了各个行星在不同时间的速度和位置，但这些数据有啥规律，他也不知道。

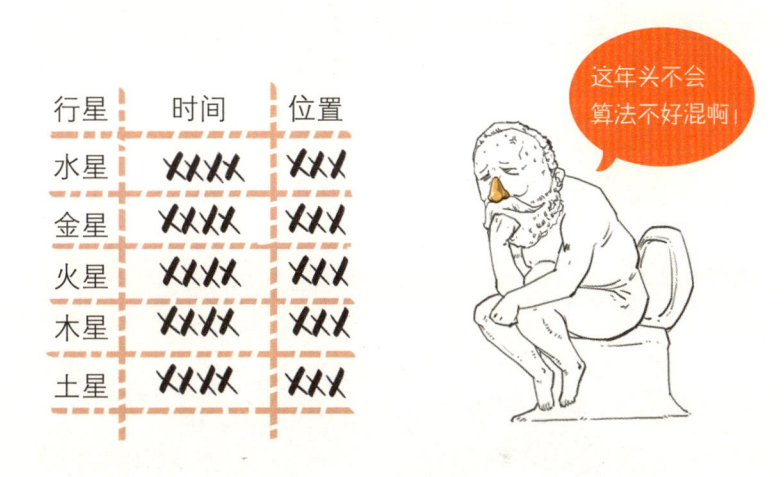

行星	时间	位置
水星	XXXX	XXX
金星	XXXX	XXX
火星	XXXX	XXX
木星	XXXX	XXX
土星	XXXX	XXX

这年头不会算法不好混啊！

除了掌握大数据之外，第谷还很幸运，在有生之年他观测到了两个特殊的天文现象：

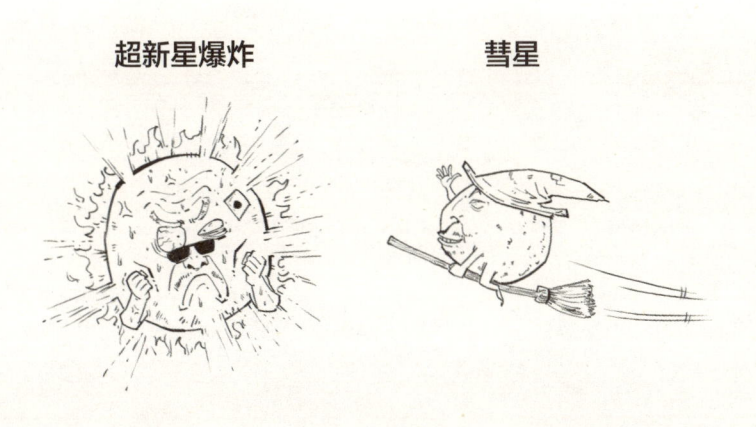

超新星爆炸　　　　　**彗星**

这有啥稀奇的呢?

之前说过,在**地心说**的世界里,宇宙是完美的。

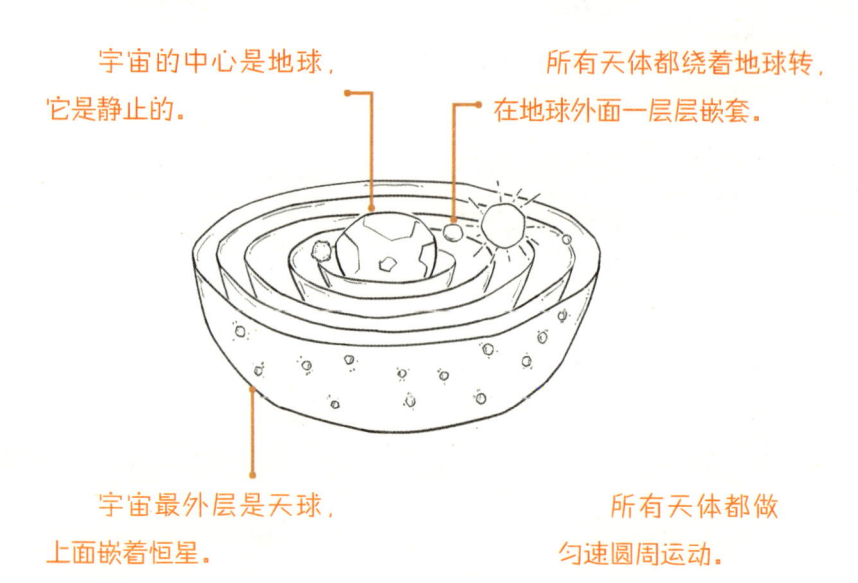

宇宙的中心是地球,它是静止的。

所有天体都绕着地球转,在地球外面一层层嵌套。

宇宙最外层是天球,上面嵌着恒星。

所有天体都做匀速圆周运动。

但如果**日心说**成立，那地球在绕着太阳转时看到的星空应该是明显变化的。

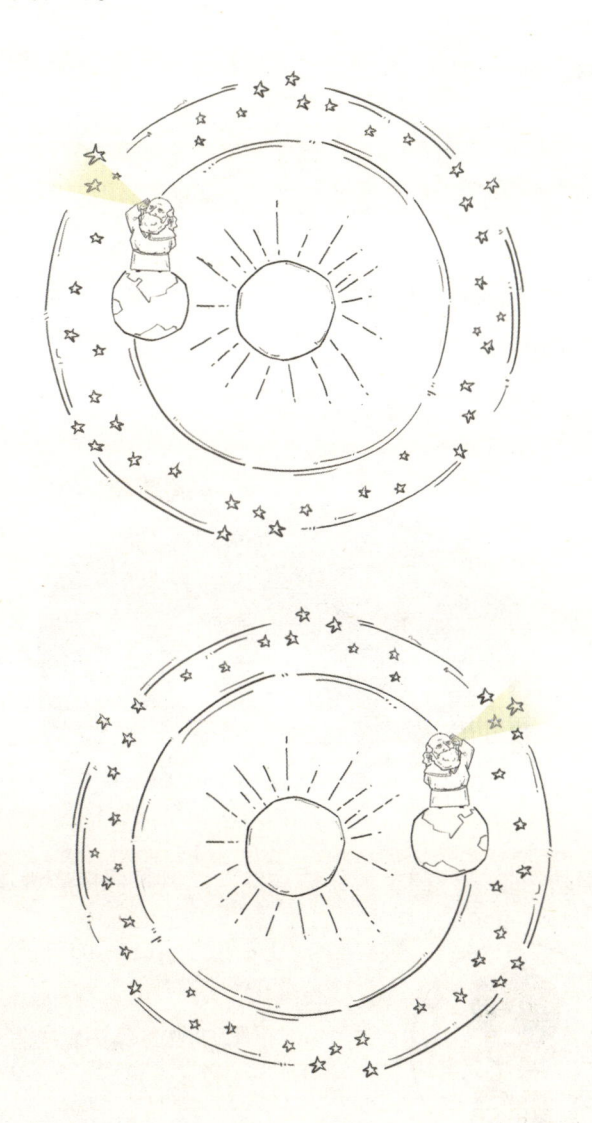

这就是**恒星周年视差**问题。

对此，**哥白尼**曾提出：

由于宇宙远比想象的大，大到太阳和地球间的距离可以忽略不计，所以才观测不到星空的变化。

现在看来这个解释是对的，但在当时还没有被人们接受。

而第谷另辟蹊径，有一天他抬头四十五度仰望星空，哎呀妈呀！不得了啦！

天空中冒出一颗新的星星！

超新星

超新星是某些恒星演化后期的一次剧烈爆炸，亮度很高。

这就和古希腊人关于宇宙是完美不变的理论相悖了。

此外，当时的人们还观测到了彗星，认为这是大气现象。但第谷通过观测证明了彗星不是大气现象，是**星体**。

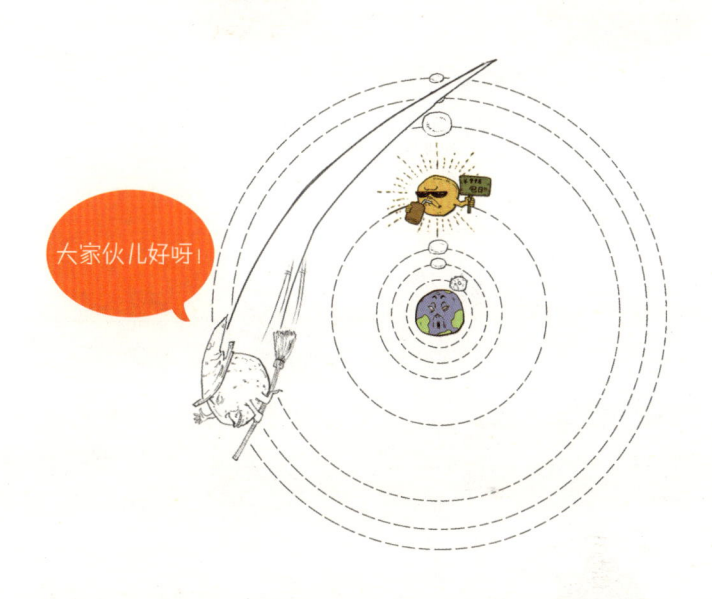

大家伙儿好呀！

而彗星的轨迹，也不是完美的匀速圆周运动。

第谷的这些发现和伽利略发现木星卫星的效果相同，都能一脚把托勒密的地心说模型踹翻。

> 你这个模型不行。

> 我的地地！

不过说到这儿大伙儿会发现，第谷只是证明了地心说不靠谱，但没法证明日心说就是对的。

直到19世纪，随着观测技术提升，天文学家贝塞尔才观测到了因地球自转导致的星空变化。

> 那准确性的问题呢？

> 他还有个徒弟。

之前说过，日心说和地心说的准确度其实差不多，要想战胜地心说，就得证明日心说比地心说更准确。

而这一切的奥秘，都藏在第谷留下来的大数据里，不过谷哥不走寻常路，他既不信地心说，也不信日心说，他有自己的小九九。

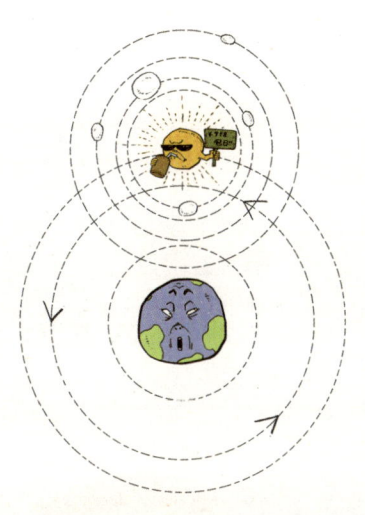

他认为行星都是绕着太阳转的，而太阳绕着地球转。

所以，他其实是把日心说和地心说结合了起来。

第谷一直希望能从大数据里得出这样的结果，可惜他数学不好，没看出什么门道。

这时候，他的徒弟上线了——

开·穷困潦倒·普勒

开普勒其实也是个占星师，水平不亚于他师父，是业内公认的高手。

> 这位施主，看你印堂发黑，恐怕黑头有点多了。

然而开普勒的人生却很是坎坷。他是一个早产儿,童年还得过天花,疾病导致他双手有些残疾,还影响了他的视力。

他很早就拜读过日心说,是日心说的忠实粉丝,而且年纪轻轻就自己出书,堪称占星界的后起之秀。第谷看了这本书,被开普勒的才华所震惊。

开普勒还留下过一份手稿,从科幻的角度聊日心说,其中就有月球旅行、星际之旅的内容,也有人把这份手稿看成是人类历史上第一部科幻作品。

虽然第谷瞧不上日心说,但他却很欣赏开普勒的才华,就收了开普勒做徒弟。

这堪称天文学史上最有名的一次——

强强联手

不过第谷也明白这小徒弟是个天才,他担心引狼入室,抢了自己的功劳,于是就把原先那些数据藏着掖着,让开普勒很是郁闷。所以,他们二人其实也有点不对付。

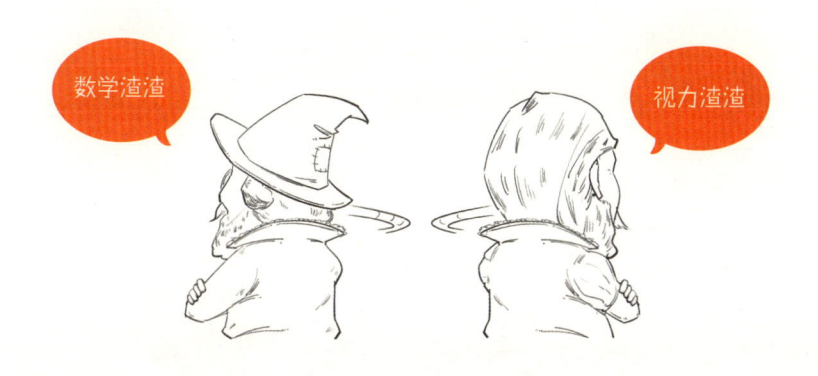

直到两年后第谷去世了,开普勒才得到这些数据。也许对于别人来说,这些数据只是一堆乱码。

但对于开普勒来说,这些数据简直就是
高清无码!

嘿嘿!

那他是怎么让这些数据发光发热的呢?

开普勒以日心说为基本框架,用几何学做工具,针对地球和火星的相关数据进行大量计算。

他发现了一件神奇的事情，**一颗行星在同样的时间内相对于太阳扫过的面积，居然是一样的！**

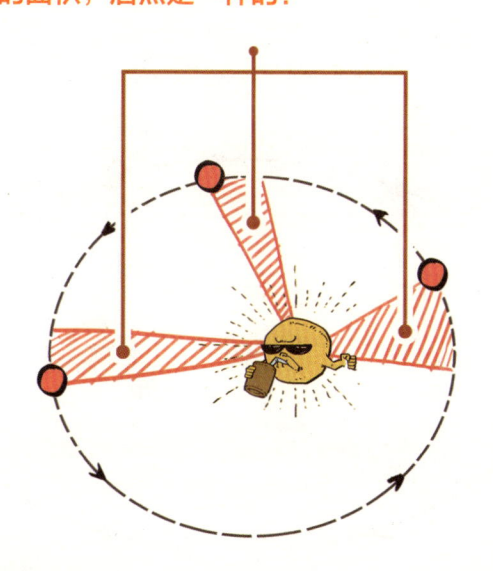

这就是大名鼎鼎的**开普勒第二定律**。

咋直接就第二定律了？那第一定律是啥？

人家就是先发的第二定律。

这时的开普勒还不知道行星运行的轨道是啥形状,因为圆形轨道不符合观测结果,他开始尝试各种轨道形状。

最终,他碰巧试出了——

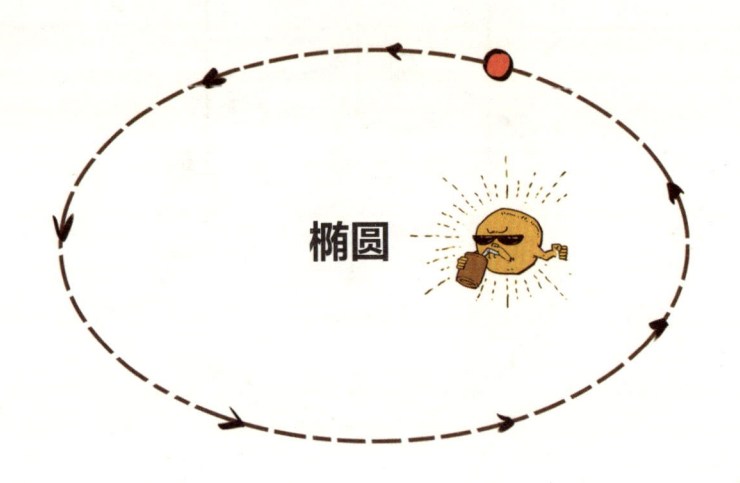

椭圆

行星沿椭圆轨道绕太阳运动,太阳处在椭圆两个焦点中的其中一个上,这就是**开普勒第一定律**。

其实,开普勒拿到第谷数据的过程并不顺利。一开始,第谷的女婿只给了他火星和地球的数据,也是巧了,正好火星的轨道不怎么圆,但金星和水星的轨道却很圆。如果用金星和水星的数据,估计很难得出椭圆轨道的结论。

发现没？不知不觉我们学会了一个道理：

天才是1%的天赋，
加上99%的努力！

但如果没有狗屎运，
一切都是浮云！

这个理论被提出来后，天文学家们纷纷点赞，因为它实在太准确了！

椭圆轨道的提出，使宇宙模型不再那么复杂，也就不需要那些轮子了。

> 耶！熬出头了！

> 明明是四个人的电影，我却始终不能有姓名。

但客观地说，即使这些天才做出了那么多努力，日心说也没有成为当时的主流理论，毕竟这是要摧毁了三观再重建的大事。主流理论还是地心说。

> 我回来啦！

> how old are you?
> 怎么老是你？

除了这两大定律，开普勒还有个**第三定律**，说的是：

所有的行星轨道的半长轴的三次方，和它绕太阳转一圈的时间的平方的比值，都是相等的。

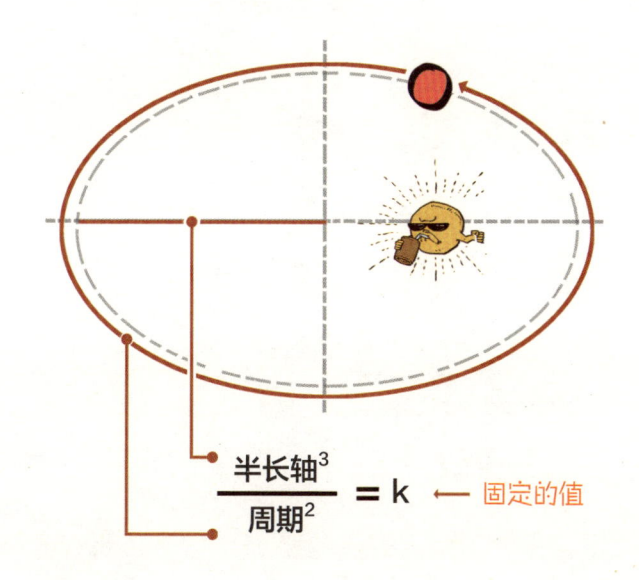

$$\frac{半长轴^3}{周期^2} = k \quad \leftarrow 固定的值$$

大家随意了解一下就好。顺便剧透一下，牛顿就是利用开普勒第三定律，推导出了**万有引力定律**。

而这三个定律，也被统称为——

开普勒三大定律

至此，天文学和占星术终于分道扬镳，天文学摆脱跳大神的气质，一跃成为一门科学，而开普勒也因此被称为——

天空立法者

可惜开普勒学术上多成功，生活上就有多贫困。

选专业，很重要！

他曾经感叹：

占星学女儿不挣钱，天文学母亲就要饿死。

大概的意思就是，忽悠人咋了？那是为了梦想！

210　现代天文学的建立——第谷与开普勒

他的一生都特别穷苦，有过二十多年都没领到工资的经历；还有过老板跟小姨子跑了，结果没了资助等惨剧，所以晚年的开普勒**不是在讨薪，就是在去讨薪的路上**……

最终，他在讨薪途中去世了……

尽管人已离开，但他遗留下的问题却再度引发了学术圈的激烈讨论，这个问题就是：

为什么行星运动的轨迹是椭圆的？

> 太难了，我到死都没想明白。

> 你问他吧。

下篇，我们就来讲讲解决这个问题的终极大神——
牛顿

212 现代天文学的建立——第谷与开普勒

十、上帝下班了——牛顿

之前我们说到开普勒提出的三大定律,揭示了行星运动的轨道是**椭圆**。

但如果你问开普勒:**为什么行星运行的轨道是椭圆?**

当时的大佬都搞不明白,如果有人能解决这个问题,那他一定能名垂青史。

所以,明面上大家都在追求真理,背地里其实都在暗暗较劲。

最后，一位猛男脱颖而出，终结了这场战斗。

此人热衷于各种争斗，而且百战百胜，总是把对手按在地上摩擦。

他就是大名鼎鼎的——

牛顿

牛顿不是一日炼成的。他为什么这么牛?他又是如何解决椭圆轨道问题的呢?

> 欢迎收看混知特别节目:走近牛顿。

1. 万事俱备,只欠牛顿

想要了解牛顿,就得回到他的时代。如果非要用一个词来形容那段时期,那一定是:

~~群魔乱舞~~

百家争鸣

当时的西欧是基督教的世界，绝大多数人都是基督徒，比如哥白尼、伽利略、开普勒、笛卡儿、牛顿、费马、玻意耳等。

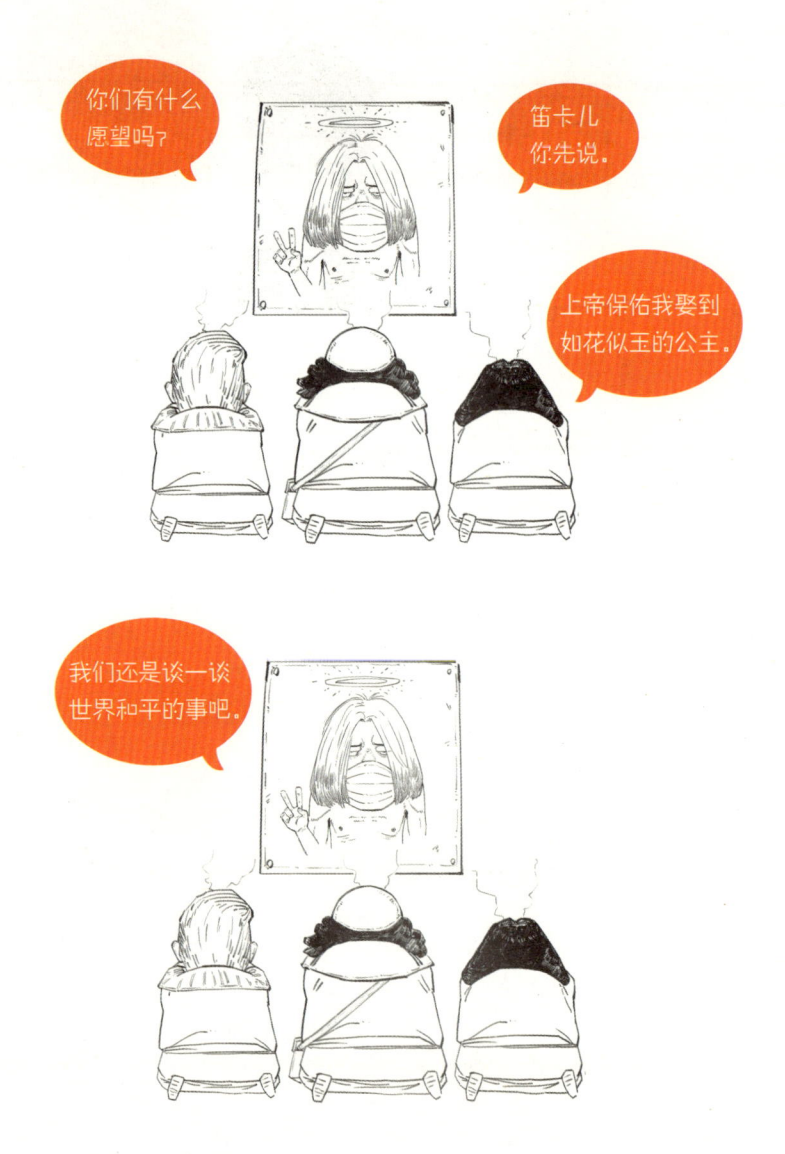

你们有什么愿望吗？

笛卡儿你先说。

上帝保佑我娶到如花似玉的公主。

我们还是谈一谈世界和平的事吧。

虽然都是基督教，但其中分了很多派系。比如天主教和新教，还有些异端的教派，比如阿里乌派。新教中也还有不同的派系。

文艺复兴后，西欧再度拿到古希腊真题集，一下子都成了文化人。

可当时的江湖上还没有正儿八经的科学家，像开普勒、第谷，主业都是占星。

师父，昨夜夜观天象，牛郎星明亮。

必是牛家村有喜了！

除了神学、占星学，还有炼金术，比如罗杰·培根、玻意耳、第谷等人都热衷炼金术。

> 为什么又炸……

> 为科学献身……

还有一波势力，被称为魔法派，比如我们熟知的**布鲁诺**。

> 乡亲们，爱的魔力转圈圈！

魔法派内的学说中，最流行的是赫尔墨斯主义，是主张将哲学和魔法相互结合的学派，深刻地影响了那个时代。

虽然江湖混乱，但当时的学者们大都各有侧重。

手残党！

数学渣！

弗朗西斯·培根

笛卡儿

注重观察、实验、归纳，轻视数学。

崇尚理性精神、逻辑推理，重视数学。

特别是从开普勒和伽利略开始，天文学的发展方向转为研究天体为什么会动。

这也被称为**动力学问题**，仅仅在这个细分领域就有三尊大神：

伽利略

（大家好！）

- 详细讨论了自由落体、钟摆等运动问题；
- 提出了自由落体定律、速度叠加定律；
- 提出了惯性的概念；……

笛卡儿

（我思故我在！）

- 提出**机械世界观**，认为宇宙和地上的运动规律应该是相同的；
- 提出物理学中的"功"和"力"的概念；
- 提出圆周运动的物体总有离开圆形向外运动的"倾向"；
- 提出物体之间的无作用力只能通过接触或者碰撞来传递；……

惠更斯

- 解决诸多运动学中的实际问题；
- 提出圆周运动公式；
- 提出动能和势能的概念；……

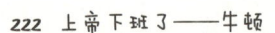

还有梅森、玻意耳等。由于篇幅的关系，我们就不在这里赘述了。

总结一下那个时代的特点，就是：

群英荟萃，百家争鸣，百花齐放！

如果不搞点创新，都不好意思说自己是读书人。

我最近研究牛尿对身体的功效，颇有心得。

我发现独角兽的角磨成粉可以困住蜘蛛。

但这些知识哪些对、哪些错，彼此之间有没有什么联系，没人搞得清楚。

因此时代需要一个人，一个全能的人。

他得能掌握不断涌现出来的新知识，还要对古希腊真题了如指掌，最后，还要能把这些知识融会贯通，聚合成一个体系。

因此我们说：万事俱备，只欠——

牛顿！

没办法，知识学得太杂了！

没错，牛顿就是一位全能战士，堪称知识界的百科全书。

2. 性格怪异的开挂大神

1643年的圣诞节，在英国的一个小乡村里，一个孩子呱呱坠地。而在他出生之前，他的父亲就去世了。这个孩子就是牛顿。

牛顿刚出生时很瘦小，一脸病态，据说小到可以装进一个大杯子中，很多人都认为他会夭折。

一开始，牛顿和母亲相依为命；到了三岁，母亲改嫁，把他丢给外公和外婆抚养。

这对牛顿幼小的心灵造成了极大创伤，从而也造成了他诡异的性格——

偏执、孤僻、好胜心极强、极度爱惜羽毛。

> 心态崩了！

姓名：牛顿
性别：男◉ 女○
年龄：0 —— 100

牛顿是虔诚的基督教徒，但他信奉的不是主流的天主教，而是**阿里乌教**，这个教派也被视为异端。

> 这个教派认为，基督教的经典被篡改了，他们要恢复被篡改的经典的原貌。

因为牛顿和耶稣同一天生日,所以牛顿一直坚信自己是被上帝选中的少数人之一,他有职责和义务把被篡改的基督教经典恢复如初。

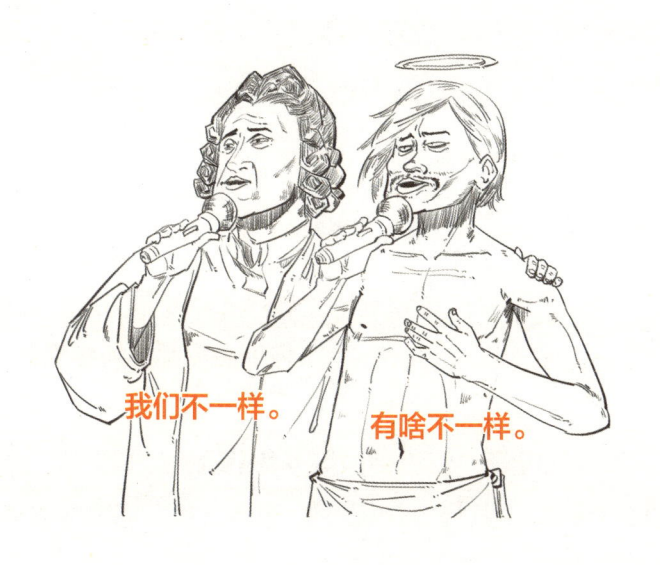

我们不一样。

有啥不一样。

温馨辟谣:

很多人都说牛顿晚年才开始研究神学,这是不对的,牛顿一生都在研究神学,只是他信仰的教派被称为异端,因此一直都不敢如实说出来罢了。这是后人在牛顿留下的笔记中发现的。

半小时漫画科学史 **227**

那么，如此宏大的人生目标要如何实现呢？

牛顿想到的是通过炼金术、科学等研究手段来发现上帝预设的宇宙规律，以此来完成使命。

很多人以为牛顿是个科学家，实际上在他心目中自己是一个**神学家、炼金术师及自然哲学家**。

你才是科学家，你们全家都是科学家！

牛顿毕生留下了百万字的炼金术手稿和神学手稿，而且他还有很多兼职，当过造币厂厂长、国会议员、英国皇家学会会长，他还是第一个提出金本位制的人。

请叫我牛·天选之子·炼金术师·自然哲学家·数学家·英国皇家学会会长·经济学家·英国皇家造币厂厂长·卢卡斯数学教授·顿

228 上帝下班了——牛顿

在上大学之前，牛顿一直是个超级学霸，进入剑桥大学后，路子开始跑偏，成了另类学霸。

因为牛顿发现，当时的教材都太老了，不够味儿，于是他决定自己玩，转而阅读大量涌现出来的新的研究成果的文献，其中就包括哥白尼、伽利略、笛卡儿等人的著作，这使得他功力大增。

后来英国伦敦发生瘟疫，为了躲避瘟疫，牛顿回到了乡下老家。

居家隔离自古有之，大多数人在家做咸鱼，你以为牛顿也会这样吗？

> 这不太符合我的人设。

实际上，牛顿在家疯狂开挂。

> 不写作业的居家隔离不是好假期。

他先是搞定了广义二项式定理，接着又发明了微积分，不过他管这个叫**流数**。

同时还给**万有引力定律**以及**光学**的研究开了个头。

解锁成就
1. 万有引力
2. 光学

这段时间主要是1665—1666年。在科学史上有两个奇迹年：一个是1666年的牛顿奇迹年，一个是1905年的爱因斯坦奇迹年。

一直有个传说，牛顿是因为在隔离期间脑袋被一个苹果开了光，才有了万有引力定律。

最早记述这件事的是伏尔泰，但他也是道听途说，作为牛顿的铁杆粉丝，他或多或少有些神化了自己的偶像。

牛顿是一个被神化了的学者，这个造神运动早在牛顿在世的时候就开始了，如今我们要了解他，就要客观冷静地看待，不要偏听偏信。

3. 万有引力定律

疫情结束后，牛顿回到学校完成学业，并且接了自己老师巴罗的班，成了卢卡斯数学教授。

这个职位来头不小，在历史上能坐到这个位置的人，清一色是学术大佬，当然牛顿是其中最大的大佬。

照理说，牛顿这么大咖位，应该会有一堆学生搬着小板凳来听课才对，恰恰相反，牛顿相当不受欢迎，课上基本没什么人。

虽然教学生涯一败涂地，但他的学术生涯却开始初露锋芒。

他发明了反射式望远镜，提出了系统的光学理论，成了当时顶级的大学者，还被英国女王接见。

也就是在这个时期，牛顿遇到了自己一生的宿敌——**胡克**。

缺德！

渣男！

苹果达人牛顿　VS　弹簧超人胡克

胡克，是不是看起来很眼熟？

这个胡克就是提出著名**弹性定律**的那位科学家，而我们课文里那个发明**显微镜**的科学家叫**列文虎克**，他们不是一个人。

曾经有这样一道高考模拟题：

> 牛顿曾经说过一句名言："我之所以比别人看得远一些，是因为我站在巨人的肩膀上。"
>
> 请你猜想一下牛顿所指的巨人可能是（ ）
>
> A.爱因斯坦　　B.爱迪生
> C.伽利略　　　D.钱学森

我蒙C！

其实都不对。

胡克算起来是牛顿的前辈,是当时学术界的大拿。不过这个人很蛮横,还有一个特点:

有严重的驼背!

妈呀!
压力太大了!

牛顿作为小鲜肉,也是个暴脾气,两人相互看不惯,一言不合就吵起来。有一次牛顿写信讽刺胡克,说:

我之所以比别人看得远一些,
是因为我站在巨人的肩膀上。

这句话看似谦虚，好像还夸了胡克，但考虑到胡克驼背严重，又身材矮小，大家可以自己细品一下其中深意……

矮矬丑！

所以这句话其实是反话，让胡克反驳不是，不反驳也不是，堪称骂人不带脏字的经典案例。

素质，注意素质！

牛顿和胡克在很多问题上都互相抬过杠,比如他们争论过:**光到底是什么?**

是粒子!

是波!

如今我们知道光同时具有波动性和粒子性,也就是说其实两人说得都对。科学家围绕着光的本质争吵了三百年,最后吵出了量子力学。

两人几乎终身都恪守着同一准则，凡是对方反对的，自己都赞同。

除了光，他们争吵最多的问题，就是——

万有引力定律。

万有引力定律说的是：**万物之间都有彼此相互吸引的力。**

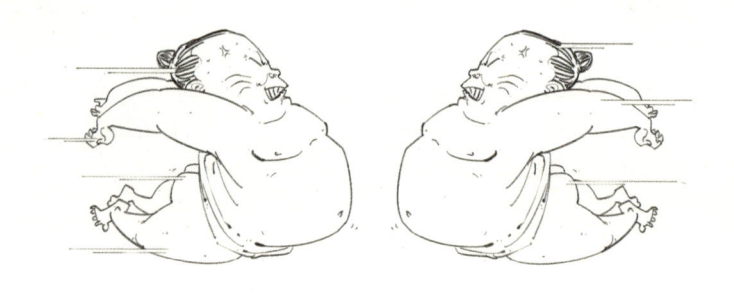

这个力与物体之间的距离的平方成反比，与物体的质量成正比。

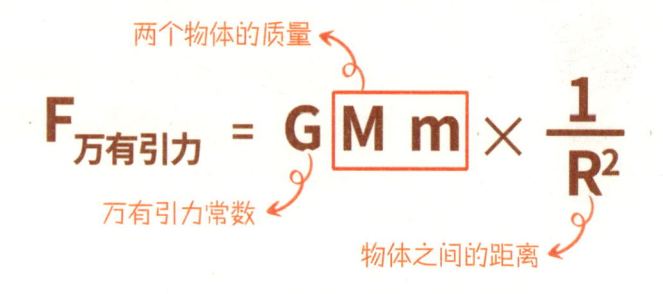

$$F_{万有引力} = G\underset{\text{万有引力常数}}{\boxed{M\,m}}^{\text{两个物体的质量}} \times \frac{1}{R^2}_{\text{物体之间的距离}}$$

别看这个公式用起来容易，证明它可费了老大劲了。

其实，这个平方反比的规律在很早前就已经被发现了……

传说有一天胡克和哈雷等人在咖啡店唠嗑，谈话间就提到了这个平方反比的定律。

行星绕太阳受到的平方反比的万有引力，轨道是什么？

椭圆，我证明过。

但是没有人具备证明万有引力定律的实力，胡克称自己做得到，却一直拿不出可靠的数学证明。

于是哈雷想到了牛顿,他来到牛顿家里,向他请教这个胡克都没能解决的问题。

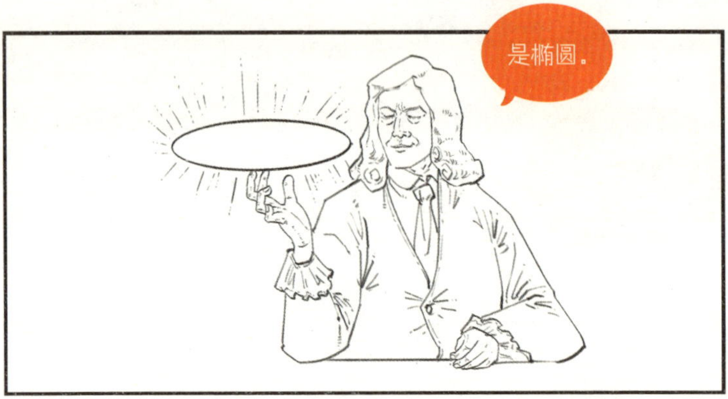
是椭圆。

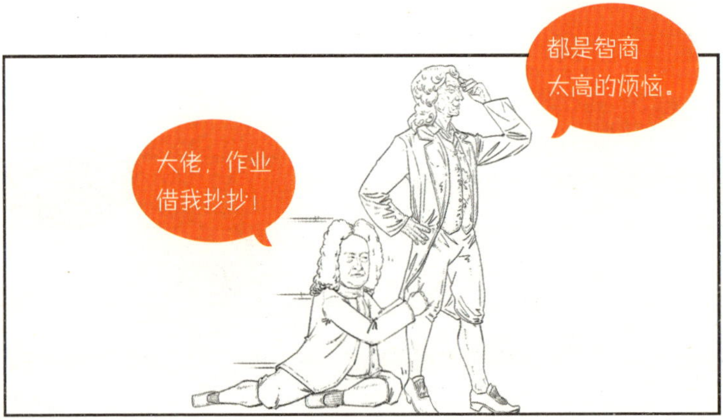
都是智商
太高的烦恼。
大佬，作业
借我抄抄！

后来牛顿写了篇只有九页的论文,叫《论星体的轨道运动》,用微积分详细论证了在平方反比的万有引力下,行星的运行轨道为椭圆形。

他把这篇论文寄给哈雷。

后来,在哈雷的资助下,牛顿出版了《自然哲学的数学原理》,我们亲切地把这本书称为《原理》。

胡克看到牛顿出书，有些眼红，而且他觉得牛顿能证明出来，也有他自己的一份功劳。

但是第一版《原理》中记录自己功劳的地方太少，于是就跑去跟牛顿谈判。

胡克希望牛顿能如实把自己的功劳记录在书中，结果牛顿很生气，反而在《原理》第二版中几乎把和胡克相关的内容删得一干二净。

客观地说，胡克对于万有引力定律是做出过一些贡献的，他曾和牛顿通过几次信，交流过对万有引力的一些想法，牛顿因此受到了不少启发。

后来胡克因病去世，牛顿则成了英国皇家学会的掌门人，他解散了胡克的实验室，还销毁了大量胡克的手稿和画像，以至于后人都不知道胡克的样子。

> 手撕胡克画像，真开心！

牛顿证明万有引力定律的过程，这里就不详细说了，比起枯燥的数学证明，对于普通人而言，更珍贵的是他思考出万有引力定律的过程。

在《原理》中，牛顿就介绍过自己是如何思考万有引力的，我们这里举两个例子。

思想实验一

牛顿通过数学计算，发现在引力作用下，月球从静止开始1秒下落0.005英尺，而苹果从静止开始1秒下落16英尺。（1英尺约等于0.3米。）

牛顿当时已经知道，初速度为0的两个物体，在同一时间内下落的高度和它们所受到的力成正比。

因此就有了这样一个比值：

$$\frac{苹果受到的引力}{月球受到的引力} = \frac{苹果下落距离}{月球下落距离} = \frac{16}{0.005} = 3200$$

而月球到地球的平均距离大概是380000千米，苹果到地心的距离大约是6371千米。

380000千米

6371千米

这两者的比值为：

$$\frac{\text{苹果到地心的距离}}{\text{地月平均距离}} = \frac{6371}{380000} \approx \frac{1}{60}$$

对照前后两个比值，得出

$$(60)^2 \approx 3200$$

距离平方的比值　　　　　　引力的比值

于是，牛顿就猜测万有引力与距离的平方成反比。

思想实验二

除了这个粗略的估算之外,他还提出了一个叫作**"牛顿大炮"**的概念。

如果有个理想的大炮向正前方打出炮弹,那炮弹运动的轨迹应该是抛物线。

这说明炮弹打出去后会下落,而地球是个球体,地面是向下弯曲的。

牛顿就开始琢磨:

如果地面向下弯曲的程度正好和炮弹下落的程度一样呢?

那炮弹不就沿着地面飞行了吗?

牛顿不仅想象力丰富,还十分严谨。为了证明万有引力定律是对的,他需要准确的观测数据。

这时候，他盯上了第一任格林尼治天文台台长：

弗拉姆斯蒂德

这位天文学家手里拥有极准确的天文观测数据，但他和胡克一样，是牛顿的死对头。

弗拉姆斯蒂德的数据来自几十年如一日的观测，早期天文台设备简陋，几乎都是他自掏腰包进行观测，这些数据就是他的心血，所以他并不想给牛顿。

后来牛顿利用**不那么正当的手段**成功拿到了数据，并在《原理》当中引用了这些数据。

不仅如此，他还把弗拉姆斯蒂德的名字也从第二版《原理》中删去了。

> 生平最大爱好：撕！

除了胡克和弗拉姆斯蒂德，和牛顿不对付的还有数学家**莱布尼茨**。此人也是个全才，和牛顿不相上下。他和牛顿因为**微积分**发明权吵得不可开交。

> 你瞅啥！

> 瞅你咋的！

按照目前考证的结果，牛顿要早于莱布尼茨发明微积分，但莱布尼茨发表得更早，因此一般认为两人是分别独立发明了微积分。

这场旷日持久的骂战，使得英国学术圈和欧洲大陆从此交恶。

牛顿的时代，英国是世界学术的中心；牛顿死后，两地一百多年没有交流，世界学术中心也慢慢转移到了法国。

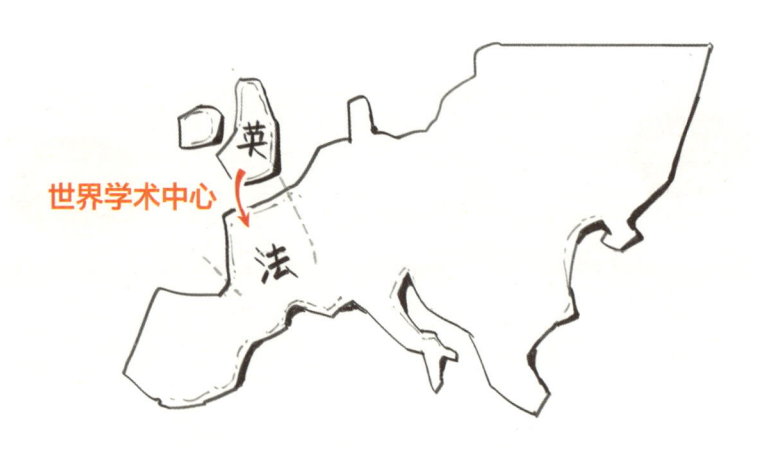

4. 牛顿革命

之前,我们聊过著名的哥白尼革命,参与这场革命的有哥白尼、伽利略、第谷、开普勒。牛顿不仅参加了革命,他还革了革命的命。

牛顿发起的著名科学革命,史称——

牛顿革命

如果说哥白尼革命的本质是把宇宙的中心从地球转移到了太阳。那么什么是牛顿革命呢?

用一句话概括,就是——

请上帝离开。

在牛顿之前,统治西方世界的主要是地心说和亚里士多德世界观,在这套体系中,需要上帝驱动,世界才可以运转。

即使到了哥白尼、伽利略和开普勒的时代,他们的理论依旧需要上帝存在。

注意,我们这里指的是牛顿理论所代表的世界观,不是牛顿本人的世界观。牛顿只是起点,后来的许多学者深化了他的理论。

实际上牛顿本人认为上帝是存在的,他还试图证明上帝存在,只不过没有实现罢了。

牛顿把他之前的理论进行了一次大筛选和大串联，然后提出了著名的牛顿三大定律和万有引力定律，**实现了宇宙和地球上物理学规律的统一**，形成了一套新的世界观。

同时，牛顿的这套新的世界观当中，不需要上帝存在，宇宙就像一台巨大的机器，可以自行运转。

因此牛顿的墓志铭是这样写的:

自然和自然的规律隐藏在茫茫黑夜之中,
上帝说:让牛顿降生吧。
于是一片光明。

牛顿去世后被葬于伦敦威斯敏斯特教堂,在牛顿以前,这里只安葬一些王公贵族,牛顿是第一位安葬在这里的学者。

也就是从这时候起，科学开始摆脱神学、哲学、炼金术、占星术和魔法的束缚，成为一套自成体系的学科，开始蓬勃发展。

那么，接下来会诞生哪些有趣的科学理论呢？

科学又将何去何从？

> 欲知后事如何，请看《半小时漫画科学史2》。

参考书目

[1]洛伊斯·N·玛格纳.生命科学史[M].上海:上海人民出版社,2018

[2]陈方正.继承与叛逆：现代科学为何出现于西方[M].北京:生活·读书·新知三联书店,2011

[3]理查德·德威特.世界观：科学史与科学哲学导论[M].北京:电子工业出版社,2014

[4]江晓原.科学外史[M].上海:上海人民出版社,2017

[5]罗布·艾利夫.牛顿新传[M].南京:译林出版社,2015

[6]迈克尔·怀特.牛顿传[M].北京:中信出版社,2020

[7]I·B·科恩.科学革命[M].南昌:江西教育出版社,1990

[8]乔治·萨顿.希腊化时代的科学与文化[M].郑州:大象出版社,2012

[9]约翰·A·舒斯特.科学史与科学哲学导论[M].上海:上海科技教育出版社,2013

[10]吴国盛.科学的历程[M].长沙:湖南科学技术出版社,2018

[11]哥白尼.天体运行论[M].北京:北京大学出版社,2006

[13]亚历山大·柯瓦雷.伽利略研究[M].北京:北京大学出版社,2008

[14]詹姆斯·格雷克.牛顿传[M].北京:高等教育出版社,2004

[15]牛顿.自然哲学之数学原理[M].北京:北京大学出版社,2006

[16]武际可.力学史杂谈[M].北京:高等教育出版社,2009

[17]江晓原.科学史十五讲（第二版）[M].北京:北京大学出版社,2016

[18]W.C.丹皮尔.科学史[M].北京:中国人民大学出版社,2010

[19]欧几里得.几何原本[M].南昌:江西人民出版社,2019

[20]刘学富.基础天文学[M].北京:高等教育出版社,2004

[21]邓晓芒,赵林.西方哲学史[M].北京:高等教育出版社,2005

[22]赵林.西方文化概论[M].北京:高等教育出版社,2008

[23]吴军.全球科技通史[M].北京:中信出版社,2019

[24]鲍·格·库兹涅佐夫.伽利略传[M].北京:商务印书馆,2001

[25]爱德华·多尼克.机械宇宙:艾萨克·牛顿、皇家学会与现代世界的诞生[M].北京:社会科学文献出版社,2016

[26]威尔·杜兰特.世界文明史[M].北京:华夏出版社,2010

马上扫二维码，关注 **"熊猫君"**

和千万读者一起成长吧！